国家级一流本科专业建设点配套教材·产品设计专业系列 | 丛书主编 | 薛文凯
高等院校艺术与设计类专业“互联网+”创新规划教材 | 丛书副主编 | 曹伟智

产品设计
快速表现

胡海权　杜班　李奉泽　编著

北京大学出版社
PEKING UNIVERSITY PRESS

内 容 简 介

本书内容包括产品设计快速表现概述、需要的基础能力、绘制的工具和材料、基本要素、思维方法、切入训练，以及范画过程和课题训练项目 8 部分。书中阐述了以快捷的方式将客观对象和主观创意的形象特征、材质特征、色彩特征、物象空间关系、大体透视关系、光影效果和审美特征高度概括并进行纸面表现，以此传达设计信息，沟通设计思想的方法。通过对本书训练项目的学习不仅能提高快速设计表现的能力，更能促进形象思维的积极运转，开拓想象空间，对设计构想的深度、广度和完善起着非常重要的作用。本书与以往手绘教材的最大区别是在内容上结合了设计学科的基础知识和实用技法。本书从构思原理、手绘的工具、透视、表现技法和基本造型等基础知识出发，让读者了解产品设计构思及草图绘制的要点及具体方法，并展现一些设计成果。这些作品能达到国际水平，引领手绘技法发展的最新潮流。产品设计快速表现是培养设计构想和快速捕捉、快速表现的一门基础训练课。

本书可作为高等院校产品设计、工业设计等专业的教材，对从业设计师及在校学生等读者均有极高的学习价值和参考价值。

图书在版编目 (CIP) 数据

产品设计快速表现 / 胡海权，杜班，李奉泽编著. —北京：北京大学出版社，2021.4
高等院校艺术与设计类专业"互联网 +"创新规划教材
ISBN 978-7-301-31977-2

Ⅰ. ①产…　Ⅱ.①胡…②杜…③李…　Ⅲ.①产品设计—绘画技法—高等学校—教材　Ⅳ.① TB472

中国版本图书馆 CIP 数据核字（2021）第 022811 号

书　　　名	产品设计快速表现	
	CHANPIN SHEJI KUAISU BIAOXIAN	
著作责任者	胡海权　杜　班　李奉泽　编著	
策 划 编 辑	孙　明	
责 任 编 辑	翟　源	
数 字 编 辑	金常伟	
标 准 书 号	ISBN 978-7-301-31977-2	
出 版 发 行	北京大学出版社	
地　　　址	北京市海淀区成府路 205 号　100871	
网　　　址	http://www.pup.cn　新浪微博：@ 北京大学出版社	
电 子 邮 箱	编辑部 pup6@pup.cn　总编室 zpup@pup.cn	
电　　　话	邮购部 010-62752015　发行部 010-62750672　编辑部 010-62750667	
印 刷 者	北京宏伟双华印刷有限公司	
经 销 者	新华书店	
	889 毫米 ×1194 毫米　16 开本　8.75 印张　195 千字	
	2021 年 4 月第 1 版　2024 年 1 月第 2 次印刷	
定　　　价	57.00 元	

序言

产品设计在近十年里遇到了前所未有的挑战，设计的重心已经从产品设计本身转向了产品所产生的服务设计、信息设计、商业模式设计、生活方式设计等"非物"的层面。这种转变让人与产品系统产生了更加紧密的联系。

工业设计人才培养秉承致力于人类文化的高端和前沿的探索，放眼世界，并且具有全球胸怀和国际视野。鲁迅美术学院工业设计学院负责编写的系列教材是在教育部发布"六卓越一拔尖"2.0计划，推动新文科建设、"一流本科专业"和"一流本科课程"双万计划的背景下，继2010年学院编写的大型教材《工业设计教程》之后的一次新的重大举措。"国家级一流本科专业建设点配套教材·产品设计专业系列"忠实记载了学院近十年来的学术、思想和理论成果，以及国际校际交流、国际奖项、校企设计实践总结、有益的学术参考等。本系列教材倾工业设计学院全体专业师生之力，汇集学院近十年的教学积累之精华，体现了产品设计（工业设计）专业的当代设计教学理念，从宏观把控，从微观切入，既注重基础知识，又具有学术高度。

本系列教材基本包含国内外通用的高等院校产品设计专业的核心课程，知识体系完整、系统，涵盖产品设计与实践的方方面面，从设计表现基础—专业设计基础—专业设计课程—毕业设计实践，一以贯之，体现了产品设计专业设计教学的严谨性、专业化、系统化。本系列教材包含两条主线：一条主线是研发产品设计的基础教学方法，其中包括设计素描、产品设计快速表现、产品交互设计、产品设计创意思维、产品设计程序与方法、产品模型塑造、3D设计与实践等；另一条主线是产品设计实践与研发，如产品设计、家具设计、交通工具设计、公共产品设计等面向实际应用方向的教学实践。

本系列教材适用于我国高等美术院校、高等设计院校的产品设计专业、工业设计专业，以及其他相关专业。本系列教材强调采用系统化的方法和案例来面对实际和概念的课题，每本教材都包括结构化流程和实践性的案例，这些设计方法和成果更加易于理解、掌握、推广，而且实践性强。同时，本系列教材的章节均通过教学中的实际案例对相关原理进行分析和论述，最后均附有练习、思考题和相关知识拓展，以方便读者体会到知识的实用性和可操作性。

中国工业化、城市化、市场化、国际化的背后是国民素质的现代化，是现代文明的培育，也是先进文化的发展。本系列教材立足于传播新知识、介绍新思维、树立新观念、建设新学科，致力于汇集当代国内外产品设计领域的最新成果，也注重以新的形式、新的观念来呈现鲁迅美术学院的原创设计优秀作品，从而将引进吸收和自主创新结合起来。

本系列教材既可作为产品设计与产品工程设计人员及相关学科专业从业人员的实践指南，也可作为产品设计等相关专业本科生、研究生、工程硕士研究生和产品创新管理、研发项目管理课程的辅助教材。在阅读本系列教材时，读者将体验到真实的对产品设计与开发的系统逻辑和不同阶段的阐述，有助于在错综复杂的新产品、新概念的研发世界中更加游刃有余地应对。

相信无论是产品设计相关的人员还是工程技术研发人员，阅读本系列教材之后，都会受到启迪。如果本系列能成为一张"请柬"，邀请广大读者对产品设计系列知识体系中出现的问题做进一步有益的探索，那么本系列教材的编者们将会喜出望外；如果本系列教材中存在不当之处，也敬请广大读者指正。

2020 年 9 月
于鲁迅美术学院工业设计学院

前言

产品设计快速表现，是整个产品设计学科的立足点，是学科基础的"中心基础"。众所周知，产品设计最终都会以一种物化的形态呈现在消费者眼前，而创造这种视觉形态的构思方法中最重要也是最直接的就是"图形启发"。这种图形启发就是我们讲的设计快速表现。设计的快速表现也是设计教育过程中的"纽带"，它是一种专业的"语言"，与自己沟通、与他人沟通。它也是把"钥匙"，是形式美的获得渠道；是设计思维方法运用的载体；是发现、分析、判断、解决设计问题的过程。

本书与其他手绘教材的最大区别，就是集学院派课程的"广博"与培训学校课程的"具体"于一体，在内容上基础知识和实用技法并重，打造以表现基础要求为目标，实现手法自由的开放式课程。老师不希望给出一个所谓"好图"的表象标准，只是提出了"好图"的透视准确、结构清晰、手法利落等本质要求。因为美院的学生入学前就有了基本的素描、色彩基础，因此授课过程中可以因材施教，鼓励学生表现手法的生动多变。

本书从产品设计快速表现图相关概念的阐述，表现图的历史，表现图的工具，透视，表现图的基本要素等基础知识出发，再通过范画、实训等手段让学生掌握产品设计快速表现图绘制的要点，以及具体表现方法，并展现一些拥有版权的设计成果。这些作品能达到一流水平，能给予快速表现技法发展以启示，希望本书对从业设计师及在校学生等读者均有较好的价值和参考。

胡海权

2020 年 8 月

【资源索引】

目录

第一章
产品设计快速
表现概述

本章要点：

1.了解什么是产品设计快速表现
2.产品设计快速表现在整个设计过程中的位置与作用
3.产品设计快速表现的发展历史
4.产品设计快速表现的表现形式与分类
5.产品设计快速表现的功能与意义

本章引言：

产品设计快速表现技法在整个工业设计学科体系中占有重要的位置。作为基础训练科目，其教学目的是使学生具备全面的素质，即敏捷的思维能力、快速的表现能力、丰富的立体想象能力等。同时，产品设计快速表现训练还要求学生不但注重各种技法的训练，更重要的是通过训练培养分析、理解、创造和不断积累经验的好习惯，只有这样，将来才能胜任设计师的职责。在掌握具体的技术与技能之前，对于产品设计快速表现的基本概念的了解与掌握，用一个词来比喻，就是一个"开门"的过程。我们进入这个领域，就必须了解其相关的概念与功能。

1.1 产品设计快速表现的概念

在产品的整个设计过程中，将自己的设计思想清晰地传达出来并让人们接受，是设计师必备的技能，也是设计过程中的一个重要环节。作为设计师的特殊语言，产品设计快速表现是指在一定的设计思维和方法的指导下，在平面的介质（如纸张、黑板等）上通过专用的工具（如铅笔、针管笔、马克笔、色粉等）将抽象的设计概念视觉化，它既需要直观地表现产品的外观、色彩、材料质感，还要表现出产品的功能、结构和使用方式。设计过程存在着诸多的不确定因素，需要经过多次论证、修改，这种特殊性使产品的表现有别于纯绘画艺术或其他表现形式。经过各国设计师多年的摸索，逐步形成了一套快速、有章法、科学合理、易于掌握的绘图程序和方法，记录了设计师思考、创造、修改、完善的全过程。

产品设计是创造性的活动。设计师的灵感和朦胧的设计构想在产品设计草图的绘制过程中，经过不断修改、完善，逐步趋向成熟，并且通过对大脑想象的不确定图形的展开，诱导设计师探求、发展、完善新的形态和美感，获得具有新意的设计构思，强化思维的跳跃、关联和延续性的思维表现训练。产品设计快速表现是在设计过程中依托绘画形式语言，记录头脑思维活动，再现真实设计意图，它是设计师解读内心意念的重要表现手段，是对项目设计所见所想进行思维整理的专业反应过程。通过设计表现将设计思维由抽象向具象推进，由模糊向清晰过渡，将思想和想象变为直观的视觉语言呈现出来，提

供不断改进和完善的设计方案。

设计师的徒手绘图是设计师的基本功，徒手绘图可以迅速而形象地表现设计师的设计构思，很适合在设计初期对方案进行交流和讨论，通过产品设计快速表现来表现设计所需及预期达到的效果。产品设计快速表现的主要功能是检查设计方案的可行性或进行项目方案的修改与推敲，也就是说，设计师是通过绘图来传递设计思想和概念的。

设计师应该以一种非常视觉化的方法进行工作。设计师的工作就是在不停地思考、绘图、表现构思及搭建原型，设计师就应该是坐在绘图板前的人。事实上，如果没有出色的绘图能力，没有绘图的形象思维能力，要成为一名优秀的设计师是非常困难的。图像是一种思维表现形式，是设计师把设计构思转化为现实视觉形象的有效手段，是设计师对其设计对象进行推敲的过程。在产品设计的过程中，通常是通过设计草图将概念表现出来，用"眼见为实"的图面作为进行沟通与评选的方法。把设计的构想可视化，即将产品设计的构思快速表现并展示出来是设计师最核心的任务。

产品设计快速表现的内容应该是真实的。设计师应用表现技法完整地提供与产品有关的功能、造型、色彩、结构、工艺、材料等信息，忠实地、客观地表现未来产品的实际面貌。从视觉感受上沟通设计者和参与设计开发的技术人员与消费者之间的联系。表现图是无声的语言，形象化的表现图比语言文字

或其他表现方式，具有更高、更强的说明性。通过各种不同类型的表现图，诸如前期草图、设计概略图、产品精致快速表现图等，能充分说明设计项目所追寻的目标。许多难以用语言概括的形象特点，如产品形态的性格、造型的韵律和节奏、色彩、量感、质感等，都可以通过表现图来说明。

产品设计快速表现就是在产品设计的过程中，为了达到预定的设计目标，运用各种绘画的媒介、技法和手段，以二维绘图的形式对设计构想进行可理解或仿真的视觉化说明，从而使设计信息得以有效传达的一种创造性活动。

产品设计快速表现是一种设计思维探索工具，可以简单地应用于设想的创意，它不是一件已完成的艺术作品，而是一个正在进行的设计过程。"草图可以用来增强设计师的想象力并拓展设计思维。"设计师头脑中有限的构思增强时，要求设计师将未完善的创意在其消失之前快速表现在纸张上并进行快速评价。这些创意构思需进行评估、修改、增补，从而确定是采用还是放弃。微软首席科学家比尔·巴克斯顿（Bill Buxton）将该过程描述为："一种生成和共享创意的快速方法，通过这种方法，创意可以生成更多创意。"

在实际的产品设计活动中，这种有目的的创造性绘图活动，设计师不会在当前的绘图阶段止步不前，而是会根据需要，在不同的阶段通过不同的材料、工具、方法和手段，适时地把这种概念性的想象加以深化或转化，直至最终能够顺利演变成为实际产品的设计方案。而这种"递进转化"，就是构思与表现合二为一，同步产生、同步发展的快速设计表现（图 1-1）。

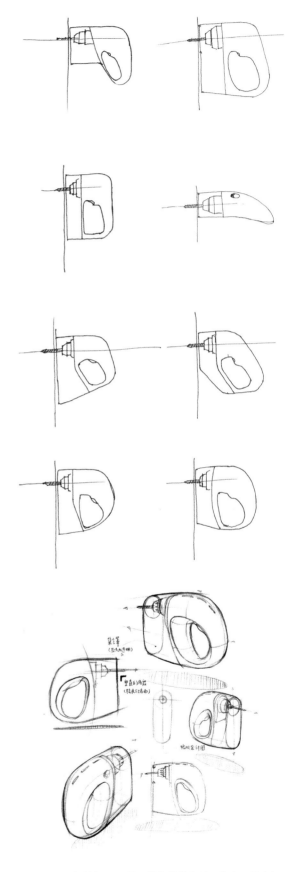

图 1-1　为 90degree 项目做的前期草图，作者：胡海权

1.2　设计快速表现图在产品设计过程中的位置和作用

产品设计快速表现训练是为产品设计服务的。所以我们首先要了解一下产品设计的概念及整个流程和设计方法。产品设计又称为工业设计，1980 年国际工业设计协会联合会对产品设计的定义是：对批量生产的工业产品，凭借训练、技术、经验及视觉感受，赋予产品材料、结构、形态、色彩、表面加工及装饰等新的质量和性能。我们从事的产品设计专业，它的设计流程为：一是项目开题，交代设计的背景和来源，作为项目开始。交代创作思路，统一规划设计流程。二是设计调查问卷，做好课题的相关调研。三是依据调研与分析，思考并绘制初步的二维草图，展示出设计的形态设想、材质考虑等，我们称为方案构思阶段。接下来根据草图来进行构思定案，就是从草图中挑选更合适、更有创意的方案作为设计定位。最后为项目设计的评估阶段，聘请各方人士对初具成果的设计进行评价（图 1-4）。

设计草图在整个产品设计过程中起着十分重要的作用。在方案构思阶段，设计师的头脑中会出现许多与设计相关的构思和想法，设计草图就是把抽象的想法变为具象视觉形象的一个十分重要的创作手段。因此，设计草图在设计过程中的作用不言而喻。如果一名设计师的快速表现能力较弱，其设计项目开展的艰难程度可以想象。设计师如果不能绘制设计草图难道靠嘴说吗？难道在边上指挥别人去做吗？那要你这个设计师做什么呢？由此可见，设计草图无论是在设计表现上还是在设计构思上都有着十分重要的

作用，图 1-2 和图 1-3 所展示的正是设计草图的重要性与作用。

图 1-2　杰姆斯的运动系列作品之前期草图

图 1-3 杰姆斯的运动系列作品之后期草图

INITIATION	DIAGNOSIS	VISUALIZATION	FINALIZATION	EVALUATION
项目开始	条件分析	方案构思	项目定案	项目评价

图 1-4 产品设计快速表现在产品设计流程中的位置示意图

1.3 产品设计快速表现的发展历史

研究表明，设计草图历史悠久。公元前5世纪左右，古希腊在舞台美术中已使用线条来表示远近透视的草图，文艺复兴时期的列奥纳多·达·芬奇（Leonardo da Vinch），他成就最高的绘画领域就不必多提了，他的每一幅作品都是经典之作。达·芬奇超自然的思维，对事物的观察与洞悉能力，使之在绘画领域大放异彩。另外，他用透视图法创作的草图（图1-5、图1-6）被认为是设计草图的"开山之作"。

20世纪二三十年代，第二次"工业革命"兴起，工业与建筑产业出现了前所未有的大发展，特别是汽车、飞机、电视、通信、日用品等设计领域。这一时期设计领域的代表就是德国包豪斯学院，包豪斯学院代表着当时知识分子的社会改革理想，它主张打破设计教育中艺术和技术的界限。在那之前，设计与制造分离；艺术是奢华的矫饰之风的象征；而大工业产品批量生产，普遍缺乏美感。德国包豪斯学院把二者结合，形成了简明的、适合大机器生产方式的美学风格。设计，作为一种曾经的奢华需求，也就此被全民需求取代。德国包豪斯学院现代设计教育体系的建立，为现代设计的产生奠定了基础。这一时期出现了以格罗皮乌斯（Gropius）、密斯·凡·德·罗（Mies Van der Rohe）为代表的现代建筑与工业设计的大师，他们开创了现代设计的新样式，设计图也舍去过去的烦琐表现而更加简洁明了（图1-7）。

美国现代设计的主流是在德国包豪斯学院理

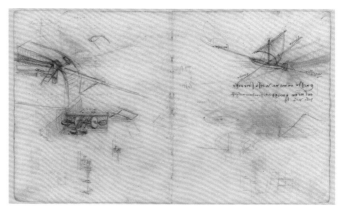

图1-5 列奥纳多·达·芬奇的草图1

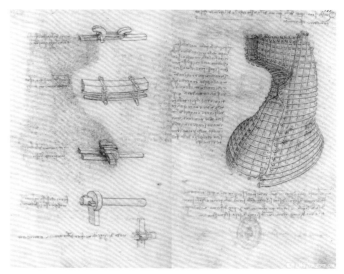

图1-6 列奥纳多·达·芬奇的草图2

图1-7 巴塞罗那椅草图

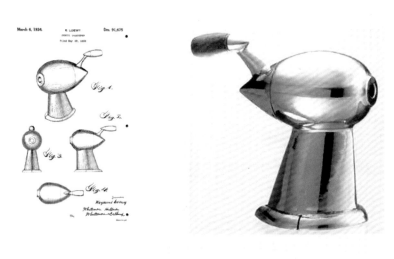

图1-8　1933年雷蒙德·罗维的自动削笔刀设计草图

图1-9　雷蒙德·罗维的机车设计草图

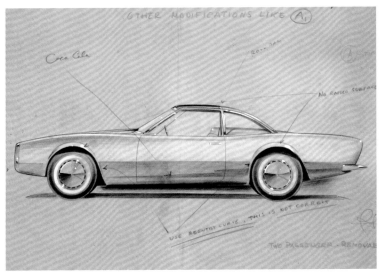

图1-10　20世纪30年代雷蒙德·罗维的轿车设计草图

论基础上发展起来的现代主义，其核心是功能主义，强调实用物品的美应由其实用性和对于材料、结构的真实体现来确定。与第二次世界大战前德国包豪斯学院空想的现代主义不同，二战后的美国现代主义已深入到工业生产的各个领域，体现在许多工业产品上。随着经济的复兴，西方各国进入了消费时代，现代主义也开始脱离战前刻板、几何化的模式，并与战后新技术、新材料相结合，形成了一种成熟的工业设计美学，由现代主义走向当代主义。

1920年左右，工业设计这一全新的词语正式诞生，作为当时工业设计最重要手段的产品表现效果图也正式确定为一门设计技术。因为当时没有计算机辅助设计，设计图完全靠手绘。美国的工业设计大师雷蒙德·罗维（Raymond Loewy）正是这一时期的代表人物，他将流线型与欧洲现代主义融合，形成独特的艺术语言。罗维首开工业设计的先河，促成设计与商业的"联姻"；并凭借敏锐的商业意识，无限的想象力与卓越的设计禀赋为工业的发展注入鲜活的生命元素。罗维的职业生涯恢宏而多彩，其设计作品数量之多，范围之广令人瞠目：大到汽车、宇宙空间站，小到邮票、口红、公司的图标。无论20世纪中期的美国人意识到与否，他们实际生活在雷蒙德·罗维的设计世界之中。可以说是罗维的天赋与灵感，创造了今天"工业设计师"这个职业，雷蒙德·罗维的首单设计生意开启了美国工业设计的新纪元。他从20世纪30年代开始成立自己的设计公司，当时的业务包括三个方面：交通工具设计、工业产品设计、包装设计。同时，他作为现代工业设计草图的创始人为大家所熟知（图1-8～图1-10）。

其后，随着时代的发展，设计草图的表现方法也不断地进步、多样化、专业化。水粉表现是 20 世纪 60—80 年代产品设计表现的主流技法，该技法需要相当扎实的传统绘画功底，图面精致、细腻，绘制完成后几乎可以达到照片级的展示效果。当时设计师需要以高仿真效果为目标进行设计手绘图的绘制，以准确传递设计构思（图 1-11、图 1-12）。

图 1-11　20 世纪 60 年代日本设计师清水吉治的真空管收音机的产品设计表现图

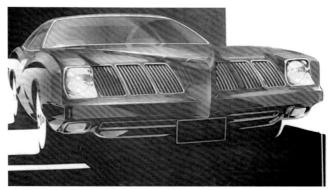

图 1-12　1970 年代 GM Pontiac Grand Am 的产品设计表现图

底色高光法广泛应用于 20 世纪 70—90 年代，通常有在白色纸面上刷底色或直接使用有色纸两种获得底色的方式。设计师绘制时先在底色上描绘线稿，再通过刻画暗部、投影、高光及结构来完成产品信息的表现。底色高光法的绘制速度与水粉技法相比有了较大的提高，且对传统绘画的依赖程度相对较低，也更容易掌握，画面更加简洁。从工业产品设计手绘图的发展来看，底色高光法是一次成功的探索，事实也证明这种表现技法符合工业产品设计的专业特点及时代需求。同时，计算机三维辅助设计软件在这一阶段已进入工业产品设计表现领域，虽然技术尚不太成熟，但基本可以实现设计方案最终效果的展示，设计手绘不再是表现设计创新思维的主要途径，这也促使工业产品设计手绘进行自我调整与变革以适应时代需求。底色高光法是将工业产品设计手绘独立于传统绘画的一次成功尝试。通过刷颜色获取底色的手绘技法，对传统绘画工具的依赖程度依然较高，也不适用于设计思维快速记录与设计方案推敲；而直接采用有色纸作为底色，相对于刷颜色更为方便快捷，且同样能有效营造画面氛围，所以在今天仍然被工业产品设计师广泛使用。底色高光法的代表设计师为清水吉治，他的技法高度概括且意境传达准确到位（图 1-13、图 1-14）。

图 1-13　1980 年清水吉治用底色高光法绘制的设计表现图 1

图 1-14　1980 年清水吉治用底色高光法绘制的设计表现图 2

图 1-15　1990 年清水吉治用马克笔加色粉法绘制的设计表现图 1

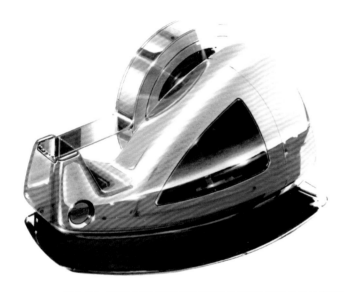

图 1-16　1990 年清水吉治用马克笔加色粉法绘制的设计表现图 2

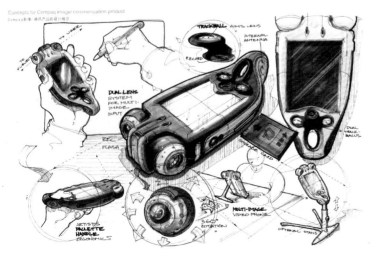

图 1-17　2000 年刘传凯的产品设计快速表现图

马克笔加色粉的表现技法流行于 20 世纪八九十年代，当时欧洲、美国、日本的设计师都在使用，也被国内设计界所认同。马克笔这一表现工具以其携带方便、色彩丰富、表现力强的特性，很快被广泛接受和使用。它是可以让绘图者在短时间内就学习掌握的一种设计图表现技法工具。色粉的表现质感细腻，其与马克笔结合起来对表现产品形态设计的精致描绘效果极好。它们的结合使用可以快速生动地创作和表现出产品造型材质特征与丰富的设计细节效果。在当时众多设计师当中，使用这一技法的代表性人物是清水吉治先生（图 1-15、图 1-16）。

到了 21 世纪，计算机软件技术蓬勃发展，3D 建模渲染成为产品设计的最终效果展示的主要手段。手绘图早期的最终效果表现功能已经基本丧失，手绘图的功能已经调整为设计方案前期的方案构思、推敲与说明作用，而这恰恰是一个设计的核心任务，这种快速说明性的手绘渐渐成为一种主流，这也是我们这本书现在叫作"快速表现"的原因。这一时期中国的代表性人物就是刘传凯先生，他的表现图轻松自由，具有思维展现意义，图面技法简洁概括（图 1-17）。

上述产品设计快速表现的发展史只是作者掌握的设计表现在中国有影响的发展沿革及节点，仅供参考。到目前为止，上述技法在设计界还在继续使用，只不过当下主流的设计表现是"快速表现构思"。今后，随着计算机二维软件的完善与发展，"无纸化"手绘表现已成为主流，也是大势所趋。但无论如何，设计手绘表现在设计过程中所扮演的角色只能是越来越重要。

1.4　以表现手段划分的两种表现形式

当下的产品设计，快速表现的表现形式纷繁复杂，但我们可以根据设计草图的表现手段的不同，将产品设计快速表现分为两种不同的形式，以传统纸上手绘工具为主的徒手草图和以计算机软件为媒介的数字草图两种表现形式。

1.4.1　传统表现形式——徒手草图

顾名思义，就是在产品设计过程中，设计师使用纸上手绘工具如铅笔、钢笔、针管笔、马克笔等把头脑中抽象的概念构思转变为具象的设计形态，需要以徒手绘画的形式迅速地将构思、想法记录或表现出来的一种快速表现方法。这种草图表现方法有别于传统绘画中的速写，它不单单是一种记录和表现的功能，还是设计师对其设计的对象进行构思和推敲的过程，起到整理、引导思维使之清晰化的作用，这才是设计草图的主要功能。正因为如此，在设计草图的图面上往往会出现文字的注释、尺寸的标定、色彩方案的推敲、结构的展示等。有时看起来甚至有些杂乱，但实际上它正是设计师对其设计对象的理解和推敲的过程与体现（图 1-18）。

1.4.2　未来表现形式——数字草图

在计算机已经普及的今天，数字草图也是设计师经常用到的一种草图绘制方式。数字草图的表现形式从本质上与徒手草图的表现形式无异。只是绘画的工具发生了变化，设计师画草图的笔变成了鼠标和电子笔；画纸变成了手绘板和电脑屏幕。数字草图的出现，在手绘草图和计算机辅助设计之间架起一道桥梁，它弥补了传统手绘表现图不够精致的不足，真正实现了计算机技术对设计全过程的支持。目前较为常用的数字草图软件有 Corel Painter、Alias SketchBook Pro、Photoshop 等。这些软件功能强大，仿手绘效果逼真，笔刷工具齐全，加上 Wacom 公司推出的全系列数字手绘板的强大辅助可以提供给所有设计师徒手草图所需要用到的工具，如铅笔、毛笔、马克笔、制图笔、水彩笔、油画笔、喷枪等，可以使设计师的设计创意得到充分的发挥，获得令人满意的手绘效果。数字草图所具有的优点包括无纸化绘图、易于修改等，使得其成为今后设计草图技术发展的趋势（图 1-19）。

1.4.3　徒手草图与数字草图的区别和联系

两者的区别在于徒手草图有快速捕捉设计灵感的特点，适合表现最初的、模糊的、不确定的设计想法，所以主要用于产品设计前期和中期。纸上徒手草图还有个优点，就是可以作为一件艺术作品而留存下来。数字草图的特征是效果逼真、精确，适合表现完善的设计、衔接三维建模，所以主要用于产品设计中期和后期。它们之间的联系在于均是表现设计构思的手段，共同为产品设计服务。目前，计算机软硬件的高速升级与发展，已使计算机辅助创意表现技术与徒手绘图技法相结合，交叉并用，大有融合之趋势。另外，这两项表现形式最大的特点就是相对于计算机软件建模来讲节省设计时间，都是为提升产品的设计效率而存在。

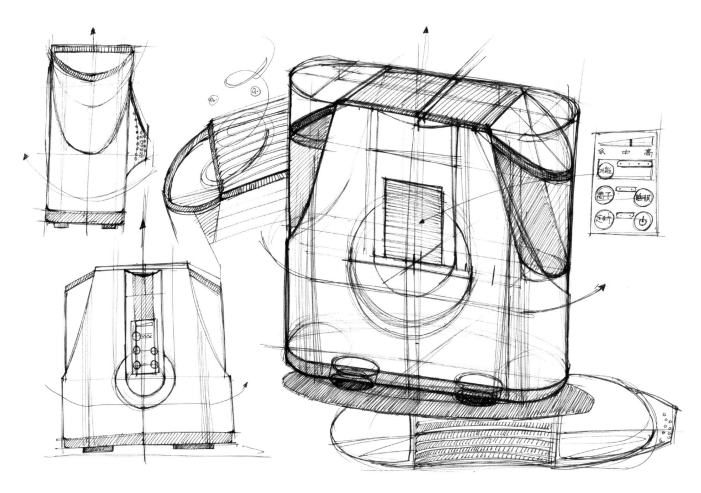

图 1-18　设计表现的徒手草图，作者：孙佩峰（鲁美 2017 级学生）

图 1-19　Garter Gao 的基于二维绘图软件的数码表现草图

1.5　以功能划分的快速表现图的类别

手绘设计草图的种类一般根据设计程序的各个阶段有各自不同的侧重点，表现内容、表现速度和表现的完成程度等都有些差别。以表现目的为需求大体上可以分两个层次来理解：一是在产品设计程序的设计立案、规划阶段和设计展开阶段，有为了造型的展开与确认而画的概念草图、轮廓草图和形象草图等一系列构思草图；二是在产品设计程序的造型展开后期，从设计研究和解决问题阶段直至设计决定阶段中所描绘的设计表现图称为概略表现图或展示表现图。上述第一个层次是以设计构思的展开、设计造型思考的展开等为主要目的的草图。由于没有必要向第三者视觉传达设计意图，因此这个阶段的草图表现方法没有固定的表现技法要求。上述第二个层次是为了把设计意图向第三者传达，以求得对方理解而画的表现图。这种表现图要达到无论谁看了，对其结构、形态、材质和色彩等都能够充分地感知。

产品设计的不同阶段，根据思考的重点不同，表现功能要求不同，表现技法亦有层次上的不同。概括地说，从初期的规划、立案阶段到设计决定阶段之间大致可以分为方案构思草图、设计概略表现图和产品精细快速表现图三种有代表性的产品设计快速表现种类。

1.5.1　方案构思草图

在产品设计过程的初期规划、立案等阶段，设计师为了把自己的构思尽快描绘出来而进行的造型构思展开和确认而画的草图称为构思草图，也称为外形（轮廓）草图、备忘（随笔）草图等。并不是所有草图都必须具备向第三者进行视觉传达的功能，因此，一般草图还有进行简略和省略的必要，草图技法和使用的材料、工具等也都不一。但是，为了在限定的时间内描绘大量的造型草图，使用铅笔、马克笔、彩色铅笔等干质工具材料最为简便。在设计的最初阶段，设计师针对发现的设计问题，运用自己的经验和创造能力，寻找一切解决问题的可能性，这是设计师智慧闪光的时候。许多新的想法，稍纵即逝，因此，设计师应随时以简单而概括的图形（包括说明文字）记录下任何一个构思。构思草图暂求量多而不求质高，因为初期的设计构思没有经过细致的分析和评价，每个构思都表现产品设计的一个发展方向，既有孕育着未来发展的可能性，也可能因不切现实而无法继续深入。在这个阶段，尽可能多地提供设计构思草图，为进一步深入设计开拓空间，并作为与设计参与人员研究、商讨的素材。此时，设计师的精力应集中在设计方案的创新上，对绘图质量的苛求会消耗大量的时间，并阻碍设计思维的扩展（图1-20、图1-21）。

1.5.2　设计概略表现图

设计概略表现图是在产品设计草图过程后期的设计研究阶段和设计汇总阶段所描绘的设计草图。设计师以设计概念和关键词为基准进行表现草图的展开，再进行设计的汇总和

图 1-20　关于鞋的构思草图表现，作者: Frederik Steve Kristensen (丹麦)

图 1-21　工作椅的形态构思草图，作者: 贾卓航 (鲁美 2017 级学生)

比较，以此求得第三方对设计意图的理解。在对代表着不同设计发展方向的构思草图的研讨中，设计师需要重点考虑并逐步优化其中可行性较高的几个设计方案。通过对最初的概念性构思的逐层深入，较成熟的产品雏形便逐渐产生出来。经过这段工作后的设计方案，产品的主要信息，即产品的形态特征、内部的构造、使用的加工工艺和材料等，都可以大致确定下来。由于需要让其他人员更清楚地了解设计方案，此时的产品设计快速表现需要表现得比较清晰、严谨，同时具有多样化的特点，以提供选择的余地。这时，还是设计方案发展变化的时期，产品设计快速表现的未必是最后的设计结果。为了提高工作效率，除了重视产品设计快速表现的质量外，仍要把握绘图的速度，许多设计细节应尽量概括或省略掉，留待以后探讨。

如上所述，概略表现图是为了在视觉上向第三者传达以取得一致意见，或为了进行设计的比较研究、决定设计方向而描绘的草图。因此，这种草图的表现必须保证无论谁看了，对设计的形态、构造、色彩等都能够有某种程度的理解。由此可见，为了让第三者容易理解，一般草图用彩色的透视图来表现，但是当需要对设计物的尺寸和技术进行研究时，一般用三视图（主视图、平面图和侧视图）来表现较为方便。设计师在设计过程中，必须在限定的时间内，大量绘制设计研究用的、有一定水平的概略表现图。为了在这样的条件下表现设计图，使用速干、实用性高、方便和常用的色铅笔、马克笔、色粉笔等干性工具材料进行概略地描绘比较恰当（图1-22、图1-23）。

1.5.3　产品精细快速表现图

在产品设计的提案评审阶段，关于产品的相关方面都逐步敲定，需要提请部门领导或其他部门领导来评定与审阅。这时候的设计表

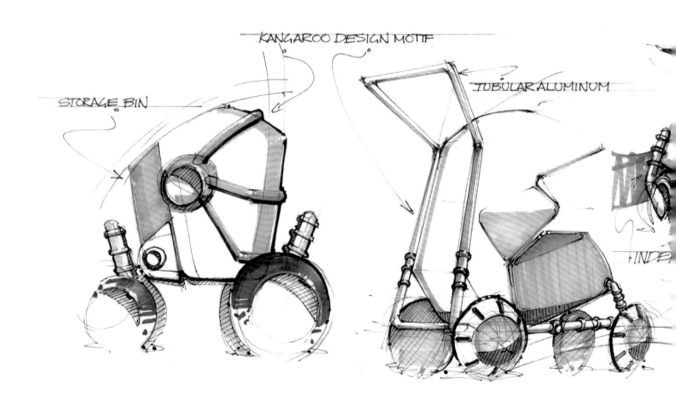

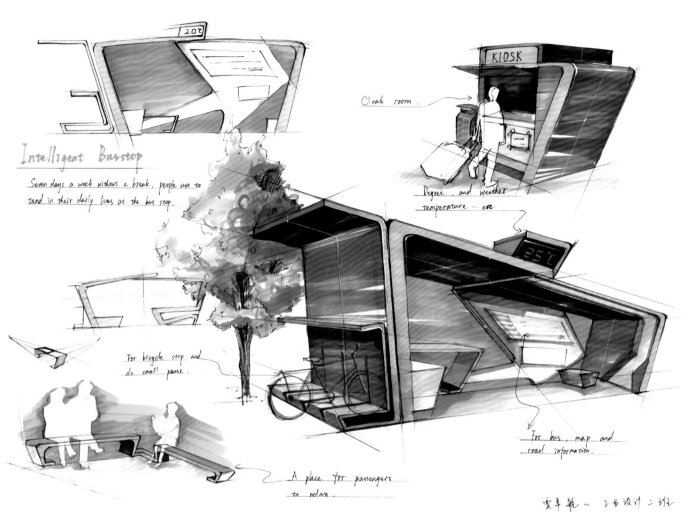

Intelligent Busstop

Seven days a week without a break, people use to tend in their daily lives at the bus stop.

Cloak room.

KIOSK

Degree and weather temperature ... etc.

For bicycle stop and do small pause.

For bus, map and road information.

A place for passengers to relax.

图 1-22　候车厅设计的概略表现图，作者：贾卓航（鲁美 2017 级学生）

T SUSPENSION

图 1-23　Mike Jou 的婴儿车设计的概略表现图

现图能够表现设计方案的深入和完善，除了产品的总体构思，产品的每个细节都能准确无误地设计完成。此时，我们要完成的产品表现图，就是精细产品设计快速表现。产品精细快速表现图要翔实、准确地描绘产品的全貌，产品外观所包含的形状、色彩、材料质感特征、表面处理及工艺和结构关系，都应尽可能全面地表现出来。绘制产品精细快速表现图的目的是为涉及产品开发的所有部门，诸如设计管理审核、三维数模制作协作、生产加工可行性预估等，提供产品最后完成的设计预想成果。通常，产品精细快速表现图还应该配有关于产品的尺寸、比例关系及

工艺手段等方面的技术内容说明文件，以便让参加研发和生产的工程技术人员获得必要的直观数据（图1-24～图1-26）。

以上不同阶段、不同类型的表现技法，设计师可以根据所处的设计阶段和被设计产品的类型来灵活运用。对于较小型的产品，有经验的设计师往往直接以加工制造业通用的工程制图法来传达设计构思，但对于规模较大的设计项目，为了控制住更复杂的设计因素则有必要按照设计程序循序渐进，在设计发展的不同阶段，运用不同类型的表现技法来传达设计构思。

图1-24 一款烤面包机的产品精细快速表现图，作者：胡海权

图 1-25　法国交通工具设计师的摩托车手绘图

图 1-26　交通工具精细表现习作，作者：孙莹（鲁美 2006 级学生）

1.6 产品设计快速表现的功能与意义

设计是一个复杂的创造过程。设计师只有巧妙地交替运用抽象思维和具体形象，才能更有效地把所涉及的功能、色彩、材料、工艺、审美等抽象意识形态，演变成为一件产品。这恰恰是设计草图快速表现的强项。设计师的工作，不是一个人的工作，需要与设计师同事、企业决策人员、工程技术人员、营销人员乃至使用者或消费者等相关群体，直接进行交流与沟通。作为设计师来说，快速表现的设计草图是最好的沟通手段。因此，无论从哪一方面来看，在实际设计中，具体、流畅的视觉表现草图对设计的每一个细节都会产生至关重要的意义，这也正是设计表现的真正功能所在。产品设计快速设计表现的功能与意义如下所述。

1.6.1 表现创想

设计草图担负着表现创想和整理构思的任务，这些草图对拓宽设计师的思路和积累经验都有着不可低估的作用。产品设计的初期，利用概括的手法，把设计师意念中所欲得到的

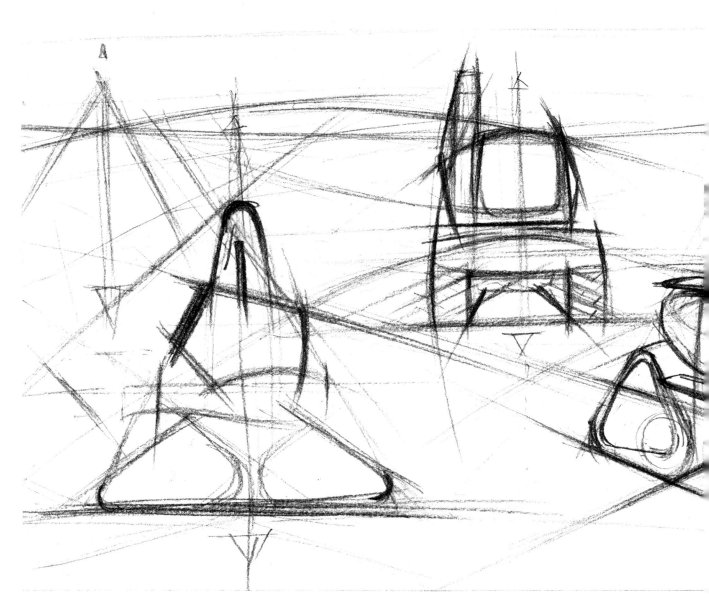

形态快速表现在纸面上。尽管这个意念中的形态可能朦胧、不具体，但是很生动、很有活力，给设计者提供了联想和深入设计的思考空间。在这个阶段，设计师对设计中的产品的大型主旨做以表现，可以忽略细部，设计目标是建立产品立体的创意形体（图 1-27）。所以这一阶段应学会从复杂的产品或物体形态变化中找出最单纯的大形，坚决省略掉那些对大形不产生决定性影响的小形，强调轮廓、整体姿态、形态意向和被强调的部分。

1.6.2　设计思考

在创意构思阶段，每一个想法都会有很多"问题"需要解决或优化。这些"问题"涵盖了设计、审美、对环境造成的影响、材料的选择、技术实现、组装、安全性、结构，以及最终效果等方面。

每一个问题可能会有许多相应的解决方法。同样的，我们还需要整理这些解决方法，然后从中做出选择。这个阶段的设计草图表现的运用，要比其他诸如文字说明、三维建模渲染、动画展示等设计表现技术更加节约成本、使设计效率更高。著名美学家鲁道夫·阿恩海姆在其著作《视觉思维——审美直觉心理学》中阐述道："视觉乃是思维的一种最基本的工具。"作为一种思维的工具，视觉是人类认知的主要渠道。据测试，在人们所接受的全部信息中 83% 是通过视觉获得的，另一项研究

图 1-27　为 KAMA 项目做的构思过程手绘表现图，作者：胡海权

也表明人类获取的知识有 70% 以上是通过视觉获得的，戴尔在其"经验之塔"理论中也强调了视觉在人类认知中的重要作用：绘制草图正是侧重于思考过程，设计师利用草图来对产品的形态和结构进行推敲，并将思考的过程用视觉可知的绘图方式表现出来，以便对设计进行深入和完善。它不仅证明了构思的可行性，同时也作为构思的组成部分，为基本构思提供额外的再思考信息，设计草图绘制本身就是对基本构思进行修正和检验。也就是说在绘制草图的过程中来判断方案是否可行。

1.6.3　信息交流

在实际的设计项目中，设计师不仅要和具有相同专业背景的同事进行交流，而且也要经常同没有多少专业背景的客户进行沟通。这就要求设计师在经过"图解思考"并确定了设计的基本理念后，用适当的绘画形式把设计创意表现出来，使他们能理解设计师的创意，达到沟通与取得共识的效果。从形式上看，是对已基本确定的产品设计的形态、色彩、材质、肌理进行更加准确、精密的描写，是让任何人对设计表现的内容都一目了然。如果再适当地配上文字说明，受众就能够完全理解设计师的意图，这就成了一种非常本质、非常纯粹地对设计项目交换看法的载体了。在设计过程中的很多阶段，汇报演示都需要使用草图和设计图。汇报演示不仅可以与内部的团队成员进行交流，还可以用于外部交流。每个项目中不同的意见和争论都是非常必要的（图 1-28）。

图 1-28　为 KAMA 项目做的方案展示表现图，作者：胡海权

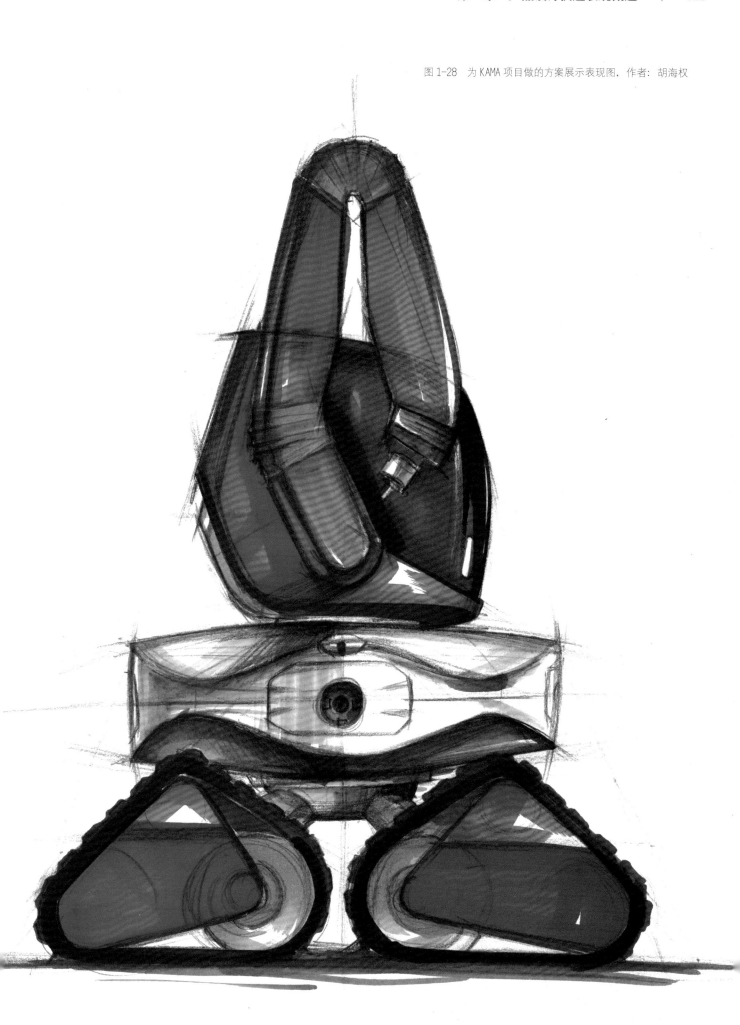

思考题

（1）产品设计快速表现的基本概念是什么？

（2）产品设计快速表现在产品设计程序中的作用是什么？

（3）阐述产品设计快速表现的发展沿革。

（4）产品设计快速表现有哪几种分类？

（5）产品设计快速表现的功能与意义是什么？

第二章
产品设计快速表现
需要的基础能力

本章要点：

1. 结构素描训练的重要作用
2. 色彩写生的能力
3. 透视的掌握与运用

本章引言：

事物都要有基础才能成长，产品设计快速表现课程也不例外，那些在前期没有经过基础训练的同学，直接运用产品设计快速表现技法会很吃力。对技法的理解多会流于表面的线条漂亮、马克笔笔触排列有序等，而失去了对设计草图的内涵理解。在学习产品设计快速表现之前应该要先学习"结构素描""色彩写生""透视"3门课程，这几门课程将循序渐进地为表现技法课的学习打下形态分析、色彩表现、空间感表现的坚实基础。本章中我们将学习上述3门课的要义。

2.1 结构素描的形体分析基础

20 世纪初由德国包豪斯学院开创的全新素描教学活动深刻影响了设计领域尤其是产品设计领域。结构素描是产品设计中表现产品造型三维形态的最好方式，通过将物体透明化的透视关系紧紧地抓住了对象的骨架，它对深入理解产品的内外结构、找到产品设计在空间中的表现规律有很大的帮助。

结构素描即用素描的方法描绘形态的结构规律，描绘形态在三维空间中的结构关系，如连接、过渡、穿插等。它并非是简单地描绘外形，更重要的是研究产品内在的结构，在推导内在规律的同时其外在的形态自然而然也就呈现出来。它不仅是一种表现技巧的训练，而且是从对形态构成因素更深一层的认识出发，培养学生对形态结构的观察、认识、理解，最终达到能够准确创造、表现形态的能力。

因为设计师的创作过程是一个从无到有的过程。设计师必须具备三维的造型能力和组织能力，并能以恰当的方式形象地表述出来。任何产品，结构是骨架，外形是表皮，外形依附于骨架，没有骨架的外形是无法成立的，因此，要想正确体现形态，首先要认知其内在的构造。结构素描的训练是从外部观察入手，通过认真地观察、分析，理解其结构的构成要素和关系，再由内而外推导出外在的形态。结构素描不注重表现的结果，而注重训练过程中的理解。为锻炼产品设计专业学生的观察和认识形态的能力，必须加强结构素描的练习，通过训练使学生具备理解基本形态，培养根据视点移动所引起的各种透视

角度及形态变化都可以通过分析且能正确地表现出来的能力。

结构素描训练的要点

结构素描是通过线来描绘物象的内外部结构关系，甚至被遮挡部分也能准确地描绘出来，明暗光影变化不多，直接而坦率地剖析与表现出产品的设计形态特征。正确地掌握结构素描的绘制方法很重要，首先要有良好的观察思考习惯，观察后再抓住物体结构的主线，精准造型，描绘细节，处理线的虚实与转折等，最终让表现对象结实而生动。结构素描绘制步骤：①明确产品的形状——定点画线，找产品最外沿部分的各个点，绘制点之间的连接线，确定正确的产品透视，要注意线条的轻重虚实变化，一般距离我们近的线要画得重些；②绘制产品的转折——有的放矢，处理好产品造型之间的主次与对比关系，通过对产品整体结构形态的强调和弱化处理，让物体的立体感更加强烈；③刻画产品的细节——处理各种配件的结构关系，如防滑凸点、转折曲面、倒角等细小部分表现，用较重的线条来强调材质分割，强调结构的相互穿插；④产品的整体透视——通过结构剖线的表现，让人一目了然地观察到产品本身的内部构造，有助于对产品结构全方位地了解；⑤产品的绘制节奏——结构素描的绘制速度掌握也非常重要，大脑与手的配合是关键，太快了大脑反应不及，太慢了线会出现扭曲，破坏造型。因此，应控制手对线条粗细、大小、长短和透视变化的表现能力，加强对组合形态的训练和产品断面辅助线的运用，逐步提高形体分析能力（图 2-1～图 2-3）。

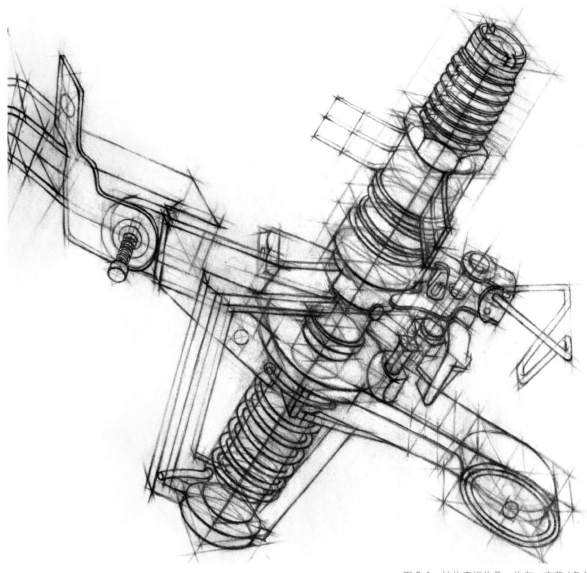

图 2-1　结构素描作品，作者：高萍（鲁美 2015 级学生）

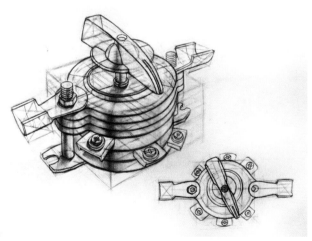

图 2-2　结构素描作品，作者：王俊（鲁美 2015 级学生）

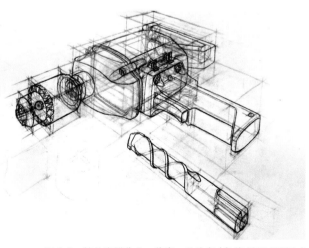

图 2-3　结构素描作品，作者：孙治宇（鲁美 2015 级学生）

2.2 色彩写生表现的能力

素描是框架，色彩是表皮。我们的色彩训练课程主要为写生色彩。写生色彩侧重训练学生对于自然色彩的观察、理解和表现，这个方面的训练对于学生学习设计表现技法中的色彩表现是必要和有益的，写生色彩的训练对于设计表现来说起的作用很大。水粉色彩写生作为学习色彩的基础训练，目的在于让学生通过训练来解决在写生过程中所遇到的一些常见问题，特别是要求在作画过程中能够充分考虑到物体的固有色、光源色和环境色的相互作用形成关系，画出统一的色调和完整的构图，并能用色彩塑造出物体的体积感、质感和空间感等（图2-4～图2-6）。色彩静物训练起步阶段以认识自然界的色彩现象，了解色彩的变化规律，熟悉色彩表现工具材料的性能，掌握作画步骤和基本方法为目的。训练一般从直观表现自然色彩开始，通过色彩写生，积累经验，不断提高色调组织、形体塑造、空间表现、质感表现等色彩造型能力，为未来专业的设计表现图绘制奠定色彩表现基础。

我们可以总结一些色彩表现的规律，它们分别如下所述。

（1）物体亮面的色彩是固有色与光源色的混合。

（2）中间调子以固有色为主，也受环境色与光源色的影响。

（3）物体暗面的色彩主要是光源色的补色加固有色与环境色的混合。

（4）高光部分基本上是光源色。

（5）反光部分往往倾向于环境色。

（6）投影部分是固有色的加暗，同时也受到环境色的影响。

图2-4 Stanley Bielen 的色彩静物图

图2-5 奥利乐 Brocq 的透明物体色彩静物图

图2-6 阿纳斯塔西娅·特鲁索娃的苹果静物水粉画

2.3　透视原理的掌握

透视图可以很准确地把在二维平面上涉及的事物以三维空间的形式再现出来，所以了解透视原理是重要而有益的。透视的含义是：一个实体边缘线会在画面上聚结为空间中的一个或多个点，形成观念中的三维空间。应该了解，在做图中有一点、两点和三点透视、轴测图法。对大多数表现图来说，一点、两点透视即可满足表现的要求。应当经常进行练习以发展自己的透视感觉，这样才可能不借助于工具，绘制出正确的透视图。透视图

的具体绘制方法有专门的课程，在此不做赘述，这里仅简述几种透视原理。

（1）一点透视，也称平行透视。一点透视视觉效果简单直接、正式、稳重、有纵深感，一般是指立方体上下水平边界与视平线平行时的透视现象。这种透视中立方体边线的灭点只有一个，并且相交于视平线上一点，所以叫一点透视（一点透视的原理与应用表现见图 2-7）。

图 2-7　一点透视的原理与应用表现

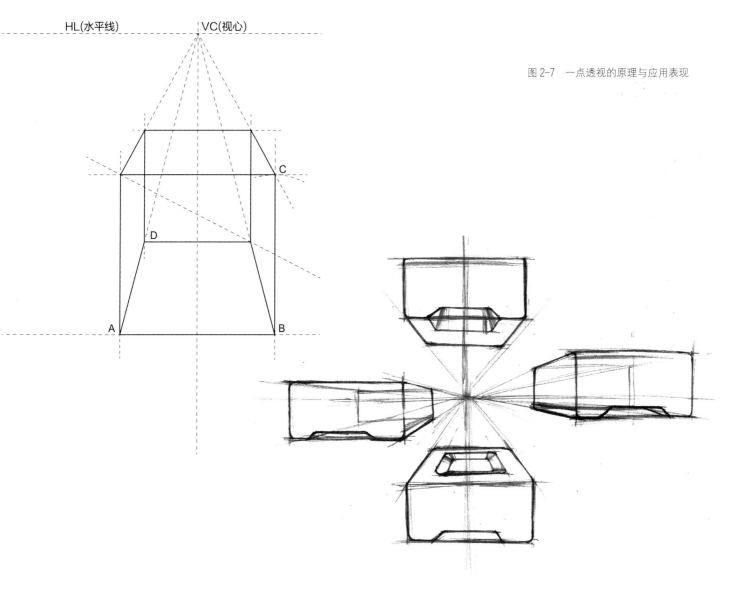

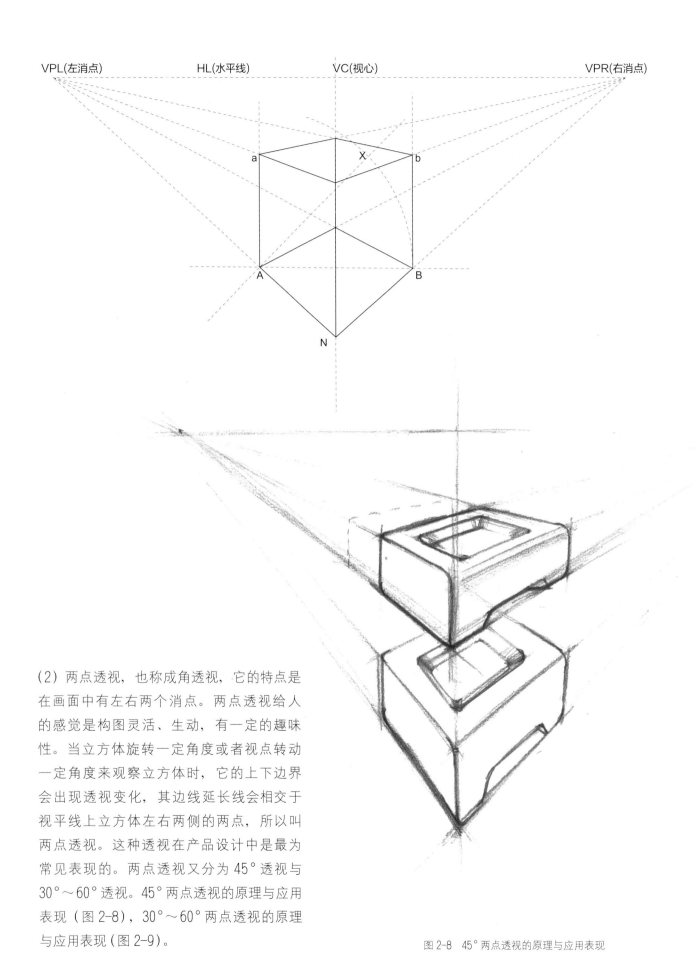

（2）两点透视，也称成角透视，它的特点是
在画面中有左右两个消点。两点透视给人
的感觉是构图灵活、生动，有一定的趣味
性。当立方体旋转一定角度或者视点转动
一定角度来观察立方体时，它的上下边界
会出现透视变化，其边线延长线会相交于
视平线上立方体左右两侧的两点，所以叫
两点透视。这种透视在产品设计中是最为
常见表现的。两点透视又分为45°透视与
30°～60°透视。45°两点透视的原理与应用
表现（图2-8），30°～60°两点透视的原理
与应用表现（图2-9）。

图2-8　45°两点透视的原理与应用表现

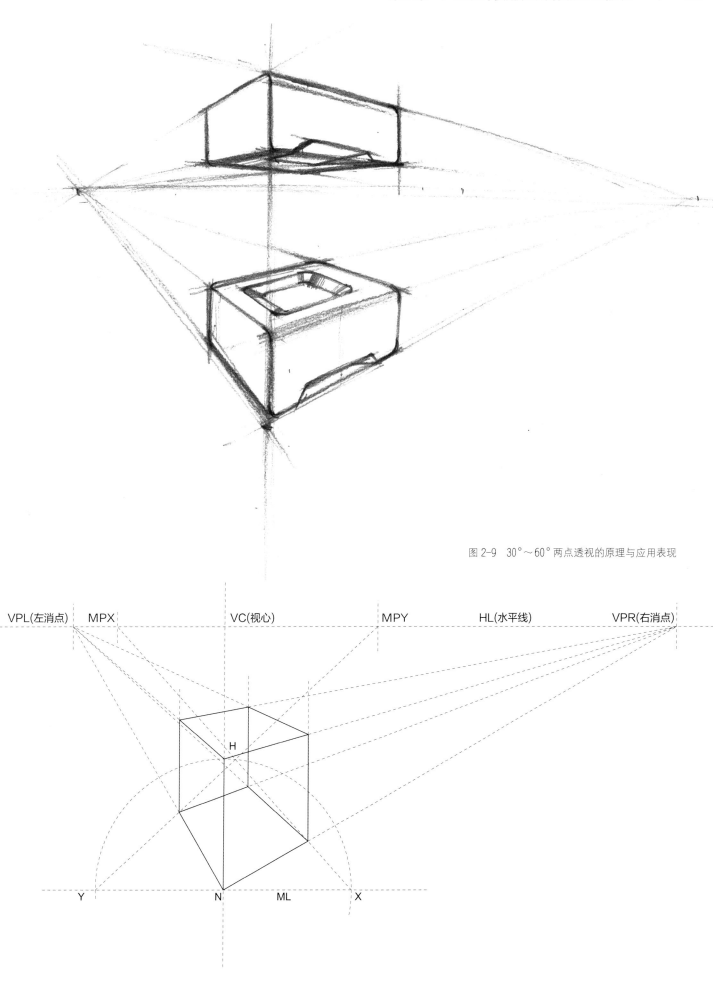

图 2-9 30°～60°两点透视的原理与应用表现

VPL(左消点) | MPX | VC(视心) | MPY | HL(水平线) | VPR(右消点)

H

Y | N | ML | X

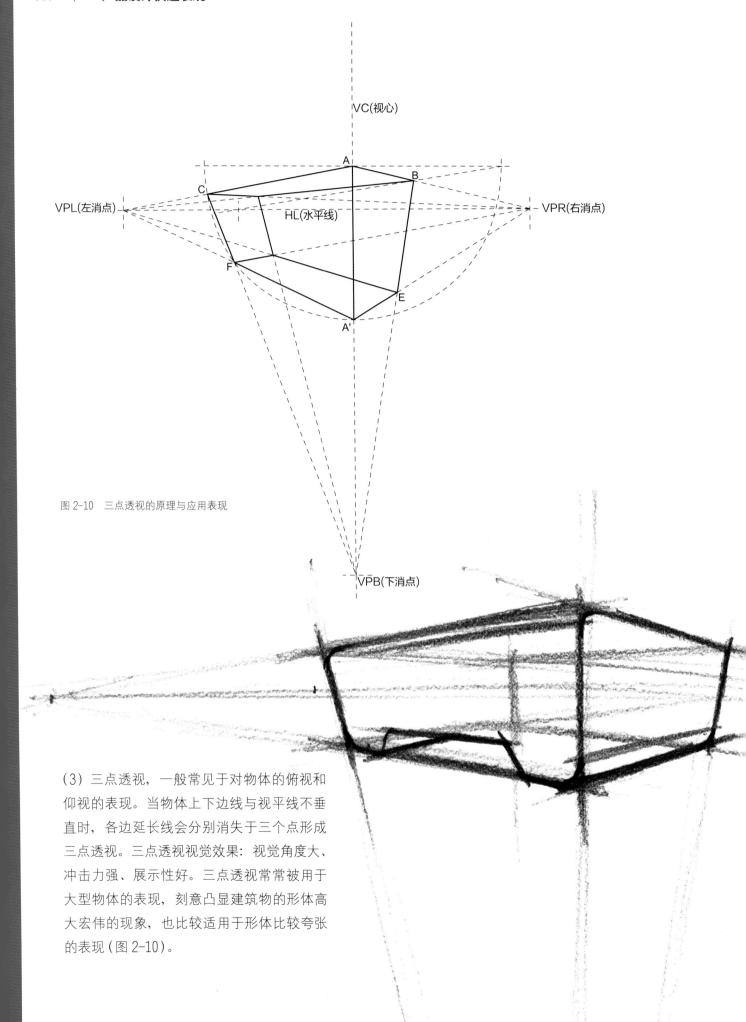

图 2-10 三点透视的原理与应用表现

（3）三点透视，一般常见于对物体的俯视和
仰视的表现。当物体上下边线与视平线不垂
直时，各边延长线会分别消失于三个点形成
三点透视。三点透视视觉效果：视觉角度大、
冲击力强、展示性好。三点透视常常被用于
大型物体的表现，刻意凸显建筑物的形体高
大宏伟的现象，也比较适用于形体比较夸张
的表现（图 2-10）。

（4）轴测图，它比透视法更加容易操作，因为物体的平行线条在绘图中仍然保持平行，并且所有的直角线都是可以直接测量的。然而，这些优势减弱了我们能感受到的空间感和透视感。如果将轴测图法手绘放在实体手绘的层次中加以考虑的话，这种手绘方法实际上是从体验到量化的衰退。这种方法缺少空间真实感。并且这种方法中的空中视角是强制性的，并没有充分考虑观者的视角，这些都是与透视法所能提供的体验特质无法比拟的。

轴测图法手绘目前重新流行起来，这是因为这种方法并不要求过多的绘图技巧，而且，轴测图法手绘可以创造出一系列的比较容易理解的手绘表现作品（图 2-11）。

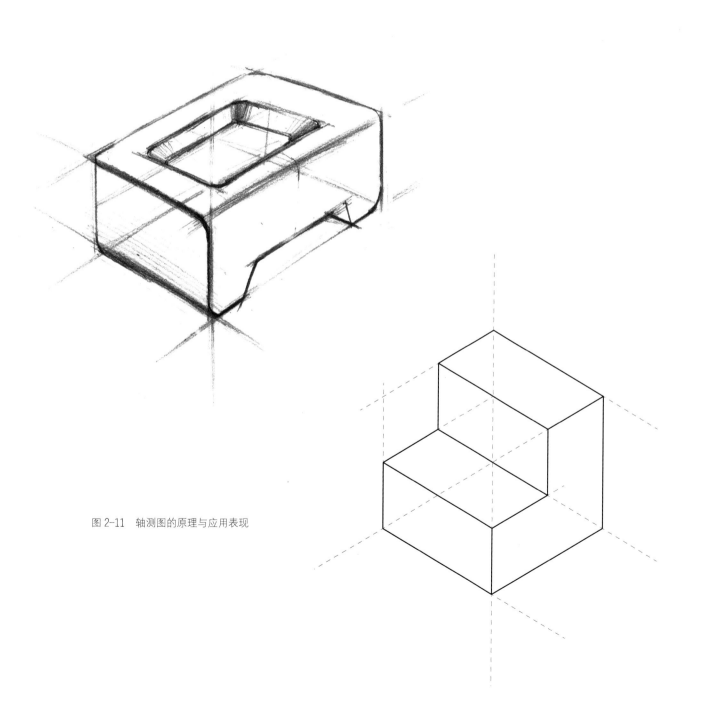

图 2-11　轴测图的原理与应用表现

思考题

（1）结构素描训练的要点是什么？

（2）色彩写生能培养我们什么能力？

（3）透视的原理有几种？

（4）最常用的透视方法是什么？

（5）轴测图有什么表现特征？

第三章
绘制的工具和材料

本章要点：

1. 线稿用笔
2. 施色用笔
3. 绘图用纸
4. 辅助工具

本章引言：

工欲善其事，必先利其器，因此我们必须了解那些用于创作的工具。如今，有各种各样的工具、材料来供我们绘图，在此，我们着重讲解供产品设计快速表现所使用的主要工具并介绍它们的功能与应用。

3.1   线稿用笔

3.1.1   铅笔

铅笔，它是应用最为广泛的绘图工具之一。用铅笔可以画出干净和清晰的线条，易于处理和擦除。日常维护也很简便，只要削尖就可以了。铅笔等级、笔尖锐利程度和使用时的压力，决定了线条的色度和强度。用铅笔作画时，干净且富于变化的线条适合画轮廓线与结构线（图3-1）。笔触的强弱取决于运笔的力度、角度、铅芯本身的软硬度，以及画图时的手部速度。所有这些特性，使铅笔成为我们画产品草图时不可或缺的工具，它快速、迅捷而简单。较软的铅芯可以画出较黑的线条，标号从4B到10B，这些都是设计师最喜欢的、常用的铅笔。硬铅芯标号从2H到3B，可以画出清晰、纤细的线条。硬铅芯更适用于表现形态细节（图3-2）。我们也可以将铅笔稍微倾斜，将笔尖侧面在纸张上摩擦作画，这一般用于形体的明暗交界线部分。

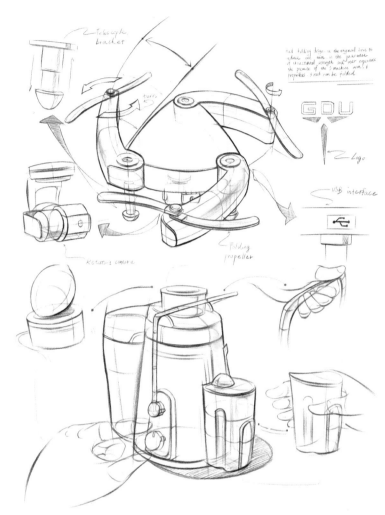

图 3-1   使用铅笔绘制的表现图，作者：徐雅婷（鲁美2016级学生）

图 3-2   铅笔的软硬及线条效果

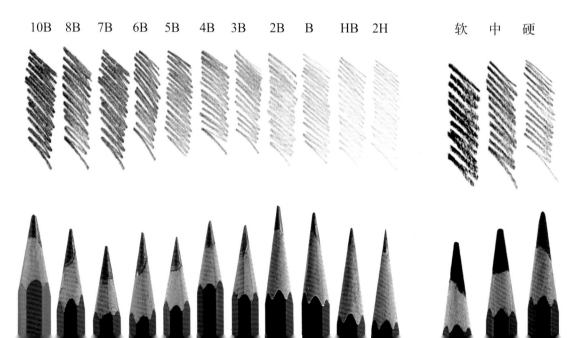

3.1.2　彩色铅笔

彩色铅笔可以画出轻柔的、彩色的线条和图形。彩色铅笔画出的画十分干净，经常削一下笔尖，就可以使画面线条干净、精确。传统的彩色铅笔石膏粉成分更多，笔端更硬。这种彩色铅笔更适合于倾斜地在纸上画单色的线条和轻柔的阴影。油性的彩色铅笔的主要成分为石膏粉和蜡，因此比传统彩色铅笔更适合画彩色的效果。但是这两种彩铅的笔头都比较脆，容易开裂。彩色铅笔可以画出丰富的层次，3.5mm 的彩色铅笔特别适合画十分精细的细节，4mm 的彩色铅笔多用于画较长而有力的线条。彩色铅笔的用法不同于铅笔，彩色铅笔的笔头画画时消耗得比较快，画面容易弄脏。由于彩色铅笔铅芯中的油性成分难用橡皮擦掉或修改画面（橡皮擦除后会在纸上留下印迹）。彩色铅笔的使用技巧，本质上和普通铅笔是没有区别的，下笔轻柔一点，在白纸上画出的线条就会有轻柔的过渡效果，也可以用强有力的线条完全覆盖之前的图画。

水溶性彩色铅笔铅芯中包含高度亲水性的黏合物。因此我们可以用一支蘸水的笔刷，来使阴影和色彩溶解，产生出类似水彩画的效果。水溶性彩色铅笔也被设计师作为软性彩色铅笔来使用，其宽广的色域，便于设计师更高效的绘画，而不用调色。我们的产品设计快速表现多采用图 3-3 所示的这种黑色水溶性彩色铅笔，它分为 399 与 499，但对我们构建线稿图来讲差别不大。这种黑色水溶性彩色铅笔硬度适中，最重要的是可与马克笔混合使用，最终效果融合较好（图 3-4）。

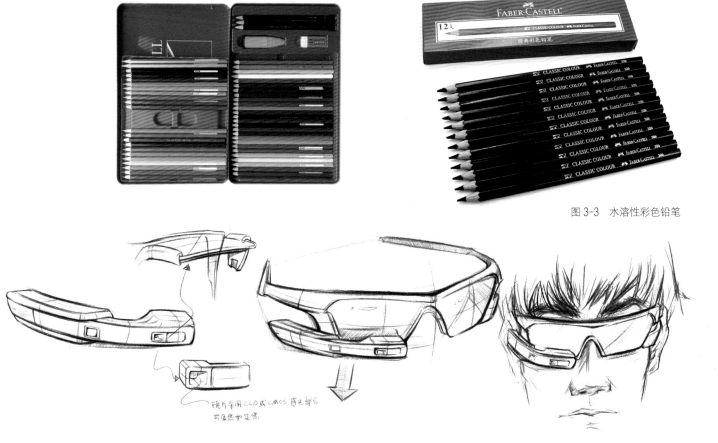

图 3-3　水溶性彩色铅笔

图 3-4　使用水溶性彩色铅笔绘制的表现图，作者：王凌云（鲁美 2015 级学生）

3.1.3 圆珠笔

圆珠笔是随着笔芯内的小圆珠的滚动产生摩擦，使油墨被写到纸上。在现有的圆珠笔品种中，金属头的是最常用的类型。使用圆珠笔作画的主要问题在于：线条粗细均一，缺乏表现力。同时要十分小心，在笔迹停顿的

地方不要将线条弄糊，作画时流畅地运笔，才可以绘制出一幅展现圆珠笔顺滑特征的快速表现作品。市面上有多种多样的圆珠笔出售。可以根据使用的舒适度和作画风格来选择。这些具有油性成分的墨水的笔，可以画出准确和清晰的线条，表现出一个更加统一和有韧性的作品（图 3-5）。

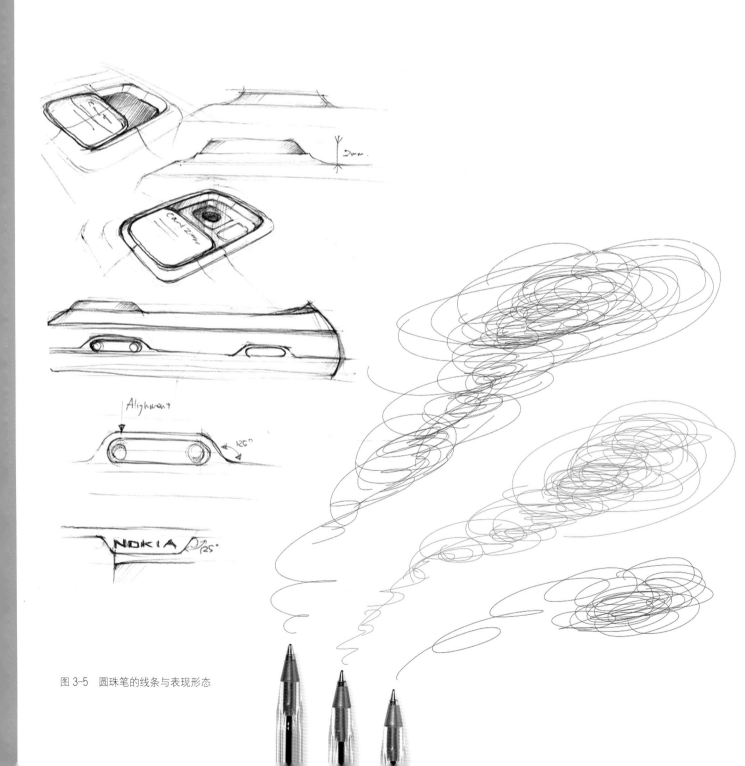

图 3-5 圆珠笔的线条与表现形态

3.1.4 针管笔

针管笔是绘制草图的基本工具之一，能绘制出均匀一致的线条，笔身是钢笔状，持久耐用。针管笔有不同粗细，其针管管径有从0.05～3.0mm的各种不同规格（图3-6）。在设计表现图绘制时至少应备有细、中、粗三种不同粗细的针管笔，这样才可以应对不同的表现诉求，表现出不同粗细的线条（图3-7），但要小心笔迹被水溶解，弄脏画面。针管笔画出的线条通常有种干净清爽的感觉。较之圆珠笔，这种笔可以画出更广泛和更富有表现力的线条。线条可以随着笔速而产生表现力的变化。如果笔速慢，墨水会在纸上晕开；如果笔速快，线条可能会不完整。想要用好这种工具，正确的做法：一是尽量使笔与纸张保持垂直姿态，二是控制好运笔的速度。

图 3-6　0.05～3.0mm 针管笔的不同粗细线条

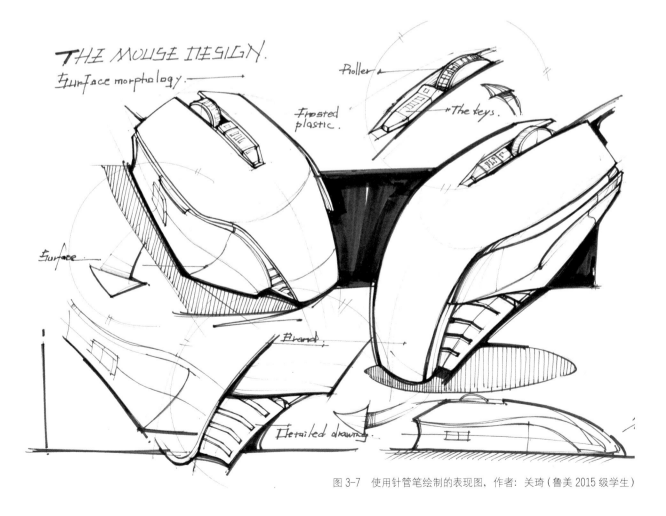

图 3-7　使用针管笔绘制的表现图，作者：关琦（鲁美 2015 级学生）

3.2　施色用笔

3.2.1　马克笔

马克笔（图3-8）使用方便，色彩清晰明快，并且可以快速地大面积上色，色彩很快就能干透，如果在其上再次涂覆另一种色彩，能与先前的底色相混合。这种笔适用于表面有韧性的纸张。可以按照以下特性来选择马克笔的种类及品牌。

（1）易于操作。颜色的名称必须可见，并且握笔的手感舒适。

（2）颜色种类。颜色的种类必须齐全，并且包括多种冷暖色调的灰颜色。

（3）可加墨。尽量选择墨水用完后可以再加墨的马克笔。

（4）色彩均匀。大面积涂色时，色彩的效果呈现要稳定，不能有色差。此外，假如墨水用完后换用另一支同色号的笔，前后两支笔画出来的颜色不能有较大的色差。

（5）可更换笔尖。如果笔尖损坏可以更换。

绘制马克笔表现图时，可以参考以下几点方法。

（1）先在表现图线稿阶段使用黑色水溶性彩色铅笔把明暗分界线及暗部大致调子画出来。

（2）在运笔过程中，用笔的遍数不宜过多，而且要准确、快速。否则色彩会渗出而形成混浊之状，而没有了马克笔透明和干净的特点。

（3）用马克笔表现时，笔触大多以排线为主，所以有规律地组织线条的方向和疏密，有利于形成统一的画面风格。

（4）马克笔不具有较强的覆盖性，淡色无法覆盖深色。所以，在给效果图上色的过程中，应该先上浅色而后覆盖较深重的颜色。并且要注意色彩之间的相互和谐，忌用过于鲜亮的颜色，应以中性色调为宜。

（5）单纯运用马克笔，难免会表现力不足。所以，最好与素描线稿结合使用，有时用酒精作再次调和，画面上会出现出其不意的效果。具体运用效果画面如图3-9所示。

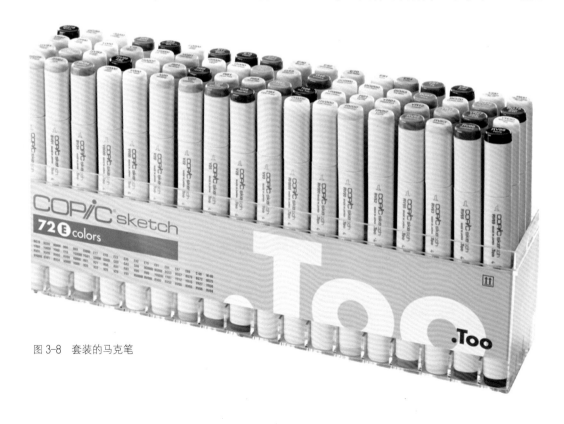

图3-8　套装的马克笔

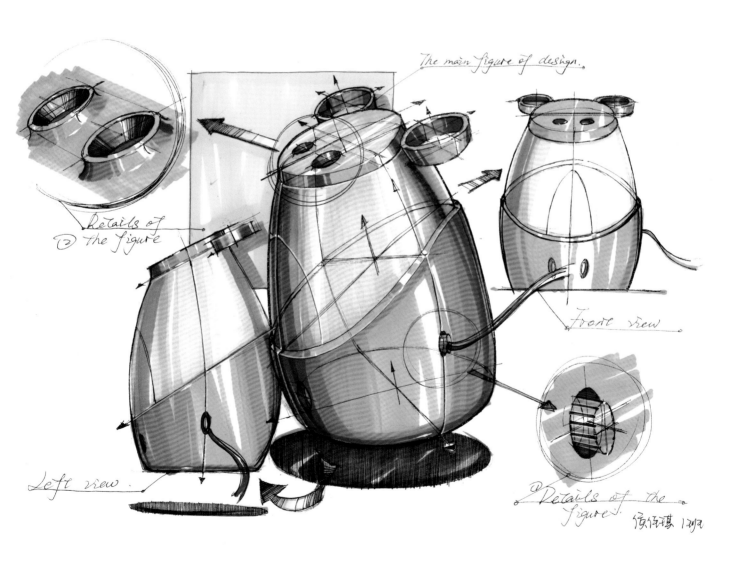

图 3-9　使用马克笔的效果图，作者：侯佳琪（鲁美 2015 级学生）

3.2.2　色粉笔

色粉笔是一种用颜料粉末制成的干粉笔，其形状一般为 8～10cm 长的圆棒或方棒。色粉笔英文名为"Paste"。因生产时所使用的黏合剂不同，色粉笔可以分成软、适中、硬三种不同的规格。软性色粉笔呈圆柱形，非常易碎。适中、硬性的色粉笔呈圆柱形或方柱形，更加稳定而不易碎。色粉笔几乎全由颜料制成（图 3-10）。色粉笔是一种艺术画材，可以直接拿来在纸上涂抹。色粉笔的硬度、纸张的纹理、下笔力度，这些因素决定了作画效果。色粉笔可以绘制出流畅、精妙的过渡性调子和色彩。色粉笔的反光面过渡性很好，质感精细，适合表现产品精细效果图。使用色粉笔画图，需要十分精细而且费力，但是能收到很好的效果。色粉笔可以画出细腻的线条与形态面。当下笔力度大时，画面效果浓厚，涂覆效果显著。

用色粉笔涂色后还可以用手、棉布或擦笔涂抹。当两个颜色的色粉混合在一起，充分调匀后也可运用在画面上。

色粉笔运用到产品精细效果图表现时，我们经常用裁纸刀把色粉笔刮削成粉末状，配合擦笔或医用棉球蘸色粉末擦拭使用。色粉绘画错的地方，可以用毛刷或橡皮擦（尽可能柔软的）擦除。擦拭时须尽量小心，避免因此造成纸张表面过于光滑，而无法继续上色。用色粉笔刮下来的粉末状颜料溶解于酒精，用酒精溶剂将其稀释，并使用医用棉球蘸擦涂抹，可以用来做大面积擦涂，可以做出条纹状或粒状的效果，此方法多用于效果图的背景或底色（图 3-11、图 3-12）。由于色粉的材料附着性较差，因此要保证颜色长久地保留在纸面上，须在画作完成后喷一些定画液。

图 3-10　绘制产品效果图所使用的色粉笔

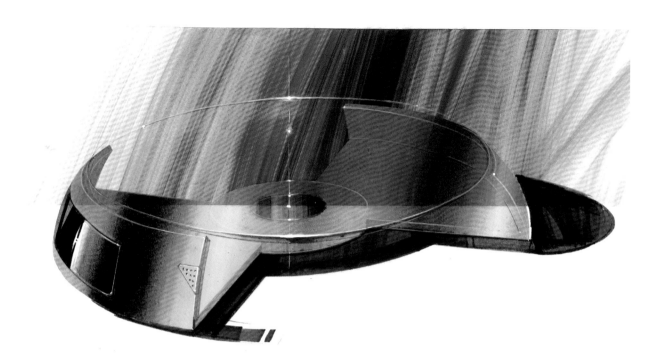

图 3-11　运用色粉 + 酒精擦涂作为背景与底色的厨房电子秤设计表现图，作者：胡海权

图 3-12　运用色粉擦拭绘制的五金工具表现图，作者：张瑞琦（鲁美 2016 级学生）

3.3　绘图用纸

3.3.1　Double A 复印纸

Double A 复印纸特点：适合我们做大量练习时使用。这种复印纸色度洁白，表面有韧度，作画时马克笔行笔流畅，墨水不易扩散，也不易渗透到背面，用铅笔及彩色铅笔做线稿也很合适（图 3-13）。

图 3-13　适合产品快速表现的复印纸

3.3.2　马克笔专用纸

COPIC 品牌的马克笔专用纸，每本 50 张。马克笔专用纸特点：色度柔和，作画时马克笔墨水不容易扩散，也不容易渗透到背面，有点透明性，用铅笔做线稿、施加色粉的固定性都很合适（图 3-14）。

图 3-14　马克笔专用纸

3.3.3　康颂纸

此类纸张单张 A2 幅面。康颂纸的特点是纸张较为厚实，色度可选，可做底色高光画法、精细产品表现图的用纸。作画时马克笔墨水吸收快，行笔不畅。用铅笔做线稿时也可以使用。此类纸张最为适合施加色粉，它着色的固定性很好，质地厚实适合长时间刻画（如图 3-15 所示为康颂蜜丹纸）。

3.3.4　其他用纸

除上述常用纸张外，其他自己认为合适的纸张基本都可以，一般的复印纸、素描纸、工程绘图纸、卡纸、牛皮纸等都可以尝试（图 3-16）。

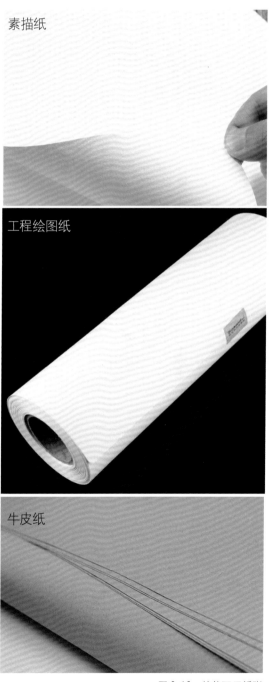

图 3-15　康颂蜜丹纸

图 3-16　其他可用纸张

3.4 辅助工具

3.4.1 曲线板

曲线板用途：适合我们进行图中细致刻画时，辅助绘画曲线时或是刻画高光线时使用（图 3-17）。

图 3-17 曲线板

3.4.2　酒精棉球

酒精棉球用途：可以用酒精棉球（图3-18）将用裁纸刀刮擦下来的色粉末充分混合后绘制产品主体背景，图3-11的背景就是使用酒精棉球擦出来的。

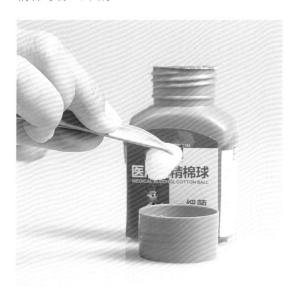

图 3-18　酒精棉球

3.4.3　高光笔

高光笔用途：可以使用高光笔（图3-19）勾画高光，增加表现图的表现层次。高光笔品种较多，可根据自己喜好选用。

图 3-19　高光笔

3.4.4　其他常见绘画用具

其他常见的一些绘画用具，比如铅笔延长器，它可以帮助我们把用短的铅笔更好利用起来。遮挡胶带可以帮助我们做填色选区。还有其他一些大家比较熟悉的常用工具，在这里就不详细介绍了（图3-20）。

铅笔延长器

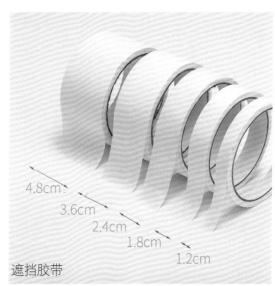

4.8cm
3.6cm
2.4cm
1.8cm
1.2cm

遮挡胶带

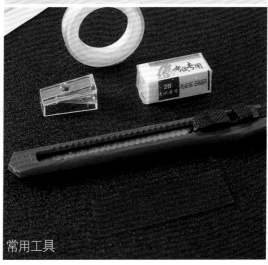

常用工具

图 3-20　一些常用工具

思考题

（1）产品设计快速表现图的主要绘画材料有哪些？

（2）黑色水溶性彩色铅笔的主要用途是什么？

（3）马克笔绘制时要注意哪些要点？

（4）产品精细效果图中色粉笔是如何应用的？

（5）产品设计快速表现的纸张有什么特点？

第四章
产品设计快速表现的基本要素

本章要点：

1. 基础结构
2. 基本光影
3. 基本色彩
4. 形体质感

本章引言：

"万丈高楼平地起"，本章所阐述的内容就是产品设计快速表现中的"平地"。地基打不牢固，上层建筑就无法科学有序的展开。本章阐述了快速表现技法中必须要了解并且掌握的四大基本要素。掌握四大基本要素的目的是使学生具备全面的快速表现图绘图素养，即敏捷的思维能力、快速的表现能力、丰富的立体想象能力等。只有这样，学生将来才能胜任设计师的工作，才能快速表现新产品的设计构思与理念。

4.1　结构

形态结构是物体的基本特征，是产品设计表现的第一要素。作为产品的设计形态，它是指那种物体的本质形体特征。这个特性就决定了产品的形态塑造与一般的绘画艺术的造型语言有着很大的不同。在一般的绘画艺术表现中，表现手段、画面效果、个人艺术风格是第一位的；但在工业设计中，产品形态本身的合理性及表现得准确、清晰则是主要的。因此，对于设计师的设计表现而言，介质、风格、形式语言的选择都必须是为了服务于产品形态本身的表现而存在，否则一切表现都将失去存在的意义。

学院的课程是"大系统"，需要系统教学，在学习快速表现课程之前，我们还需要学习设计素描、色彩写生、透视原理等课程。学校的快速表现课程是借助结构素描的培养基础成果来帮助我们完成本课程教学。结构素描方法是产品设计中表现产品造型三维形态空间存在的最好方式，通过将物体透明化的透视关系的表现，紧紧地抓住了对象的"骨架"，它对深入理解产品的内外结构，找到产品设计在空间中的表现规律有很大的帮助。结构素描是通过线来描绘物象的内外部结构关系，甚至被遮挡部分也可以准确地描绘出来，直接而坦率地剖析与表现出产品的设计形态特征，这对于我们要表现的设计方案的形态构思是最好的、最直观的表现方式。

正确地掌握产品形态的绘制方法很重要，在一张白纸上下笔时，就要考虑应该怎样着手，仔细地思考物体体积、大小、结构、透视关系等，养成良好的结构形态思考习惯，再抓住物体结构的主线，精准造型，描绘细节，处理线的虚实与转折等，最终让表现对象形态准确、透视合理、形体结实而生动。

形态结构的绘制步骤如下。

（1）分析形态的特征，在头脑中思考产品的形态构成，做到心中有数。

（2）明确产品的形状：定点画线，找产品最外沿部分的各个点，绘制点与点之间的连接线，确定正确的产品透视，要注意线条的轻重虚实变化，一般接近人的视点的线应画得重些。

（3）大的形态剖线一定表现到位，因为这是整体形态的"骨架"。

（4）绘制产品的转折：有的放矢，处理好产品造型之间的主次与对比关系，通过对产品整体结构形态的强调和弱化处理，让物体的立体感更加强烈。

（5）刻画产品的细节：处理各种配件的结构关系，如防滑凸点、转折曲面、倒角等细小部分的表现，用较重的线条来强调材质分割，强调结构的相互穿插。

（6）产品的整体透视：通过整体调整，让人一目了然地观察到产品本身的内部构造，有助于对产品结构全方位地了解。

（7）产品的绘制节奏：形态结构的绘制，大脑与手的配合是关键，手太快了大脑反应不及，手太慢了线会出现扭曲，破坏造型。因此，手与脑的协调至关重要，提高此项思维上的认识，是逐步提高快速表现绘图水平的技外之道（图4-1、图4-2）。

图 4-1　运用结构素描原理的形态结构表现图，作者：吴澄扬（鲁美 2017 级学生）

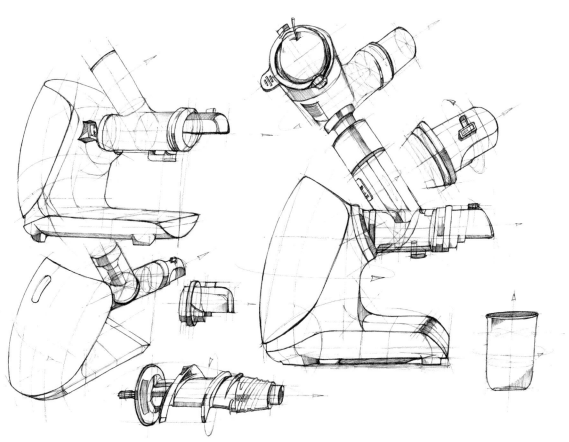

图 4-2　运用结构素描原理的形态结构表现图，作者：刘书洋（鲁美 2017 级学生）

4.2　光影

产品设计快速表现的本质是以视觉的呈现为感知的，人的视觉是通过物体的光影效果来认知的，没有光也就无法察觉物体的形态和色彩。在设计表现中，光（光源）、影（投影）的表现是画面视觉信息与视觉造型感知的存在基础。

产品设计快速表现中对光影的表现有别于传统写实绘画对物体的光影表现，传统写实绘画追求物象的真实再现，光影的表现很细腻、很富变化。而产品设计快速表现则侧重于把能表现产品形态特征的光影效果归纳提炼出来，并用程式化的方法表现出来。而对于那些产品上偶然的、非常态的光影效果一律舍去。同样，在对产品的色调进行表现时也不需要斤斤计较于对细微色调变化的再现，我们只要保持在视觉真实的情况下，对色调进行提炼、调节和归纳，保持产品色调的明快、准确和归纳感，以达到传达出必要的产品形态的色调信息即可（图 4-3、图 4-4）。

4.2.1　"三大面"与"五大调"

"三大面"与"五大调"就是我们常说的"黑白灰"关系。物体在光的照射下，立体的物体各个不同方向和角度的表面的受光量不一，故呈现出不同的明暗层次。有受光部分的最亮面、次亮面和背光部分的暗面之分，即所谓"三大面"。在不受光的暗面与受光的亮面交接部分，由于对比作用，暗面这个部分显得最暗，称之为明暗交界线。受地面、周

边环境或其他光源的影响，暗面的某些部分因这些反光的作用变成稍亮的次暗面。亮面、次亮面、明暗交界线、暗面及反光构成了明暗变化的"五大调"（表 4-1、图 4-5）。

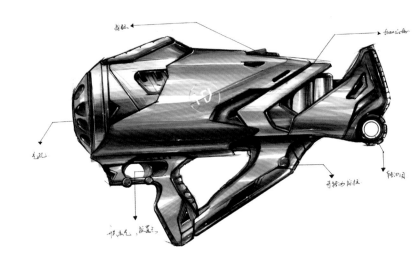

图 4-3　具有"黑白灰"色调关系的"圆柱状"设计草图，作者：邢雯（鲁美 2015 级学生）

图 4-4　具有"黑白灰"色调关系的"球状"设计草图，作者：邢雯（鲁美 2015 级学生）

表 4-1　三大面、五大调的概述表

	三大面	五大调
受光部	亮面 (白)	亮调
	灰面 (灰)	次亮调
背光部	暗面 (黑)	最暗调 (明暗交界线)
		暗调
		次暗调 (反光)

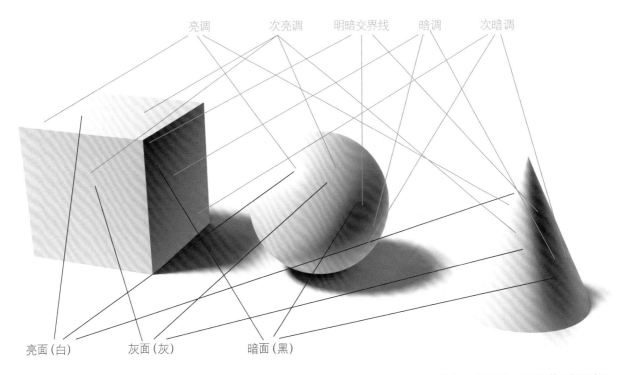

图 4-5　三大面、五大调的分析阐述图

4.2.2 投影

投影，即一个受光物体投射在另一个物体上的影子。投影不仅有助于描绘产品造型的影子形态，而且它还暗示了物体本身的形态。例如，汽车的后视镜在汽车一侧的投影，投影的形状就像后视镜的截面。投影可以赋予草图以生命，使得画面更加真实、可信。设计师了解投影的基本原理，有助于更简单、省时地表现出合乎要求的投影，增加设计表现图的感染力。

投影对表现物体的立体感十分重要。在透视学中，透视阴影有严格而复杂的几何求法。在效果图绘制的实际工作中，没有必要采用烦琐的画法几何方法去画阴影，一般根据原理和经验画出模拟近似阴影就可满足表现的需要。

如果想把形体表现得真实、充分，就要表现对象的体和面，考虑光线的作用。有了光，我们就能够看到形体的存在，同样，正确地表现光线和投影，才能真实地传达产品的立体感、空间感。所以设定和表现光线及投影是表现产品的很重要的内容。在表现图绘制过程中，对表现形态产生影响的主要是主光源及光源切入角的设定，对光源有设想了，我们就可以着手表现投影了。

在产品的表现中光线的设定一般情况下都是程式化的，在产品设计表现中对于光源的设定，主要采用侧向光照明的设定。

侧向光照明，即把主光源设置在欲表现的物体前侧上方 45° 角的位置，以斜平行光线投射对象。侧向光照明使物体的主要面都受光，而侧面背光，物体的明暗对比强烈、结构分明、体积感强（图 4-6，图 4-7）。

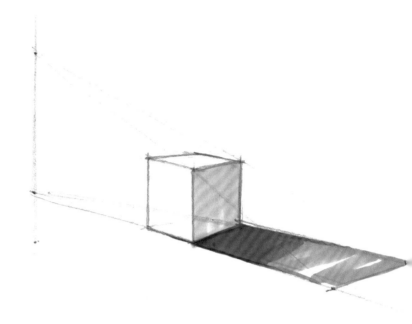

图 4-6　侧向光照明投影图 1

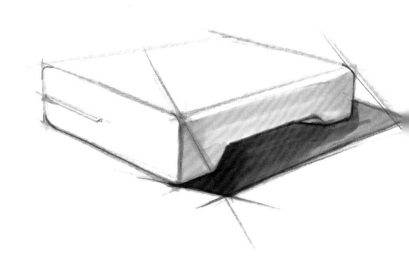

图 4-7　侧向光照明投影图 2

最常用的光线入射角度是侧前方 45°，从上至下，这样的光线角度设定可以满足大部分的产品表现要求。但是光线的设定也不是绝对的，表现的要求和主题由设计师灵活确定。比如要表现在夕阳笼罩下的对象，光线的入射角度就比较低。

一般而言，投影是物体暗部阴影投射到与之接触的水平面上，或者在接触到的顶面、地面的情况下，它的形状直接受制于形体性质、形态特征和接触面的状态。这种程式化的投影表现方式主要有以下 3 种表现形式。

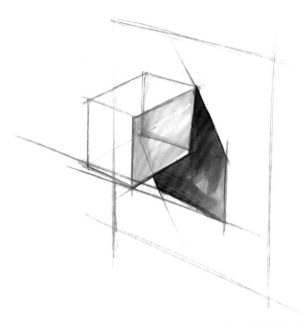

图 4-8　立方体的投影图

（1）立方体的投影——立方体投影的外轮廓是由沿着投影方向的两条线的相交部分所决定的。注意光源在立方体上方的投射角度，这决定了立方体投影的汇聚情况（图 4-8）。

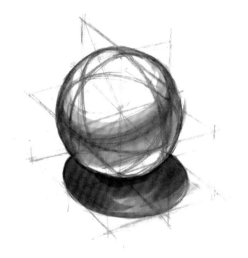

图 4-9　球体的投影图

（2）球体的投影——为了便于理解这个投影，我们可以想象有一个与球体直径同大小的圆柱体的存在。这个圆柱体的轴与光源大约在同一条直线上，这样圆柱体就在地平面上相交出了一个椭圆的区域，而这个椭圆区域就是球体的投影（图 4-9）。

（3）圆柱体的投影——圆柱体的投影位于圆柱体的顶部和底部之间，圆柱的顶部投射在基面上形成投影的椭圆部分（图 4-10）。

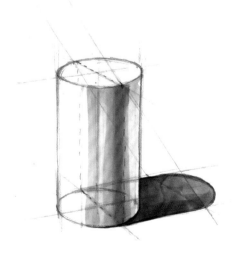

图 4-10　圆柱体的投影图

4.2.3 光影的表现要点

在线条图表现的基础上，在产品局部阴影处、投影位置、暗面等位置，进行深入的刻画，加强产品的立体感、层次感，较为系统地记录和表现产品的形体关系，使产品的表现更加清晰生动。通过暗部和阴影的表现来覆盖错误和不准确的线条，矫正产品的透视等（图4-11）。

光影的表现步骤如下。

（1）设定光源：首先假定一个有一个45°的光源，选择光线方向为左上方或右上方均可，产品的主特征面和功能面应向着光线方向，为亮面，并把最小的和次要面作为暗面，这样可避免大面积的表现暗部。

（2）表现分界线：根据光源的方向，找出产品的明暗分界线。先用笔芯的较宽部分轻贴纸面，轻轻滑动，反复叠加，注意轻重变化，根据材质、光线、圆角的情况，决定深浅的变化。

（3）暗部表现：设定光源时，一般来说暗部都应是最小的面，从明暗交界线开始，还是用粗而平的笔芯逐步退晕，离分界线最远处留白，作为反光部分，这部分的大小取决于材质。在笔触叠加时，注意不要完全覆盖，要留有一定的缝隙透气。

（4）整体调整：在暗部表现基本完成后，需要进行整体的调整，总体的明暗对比，还有小的细节部分的明暗处理，如小的按钮和凸起等。另外还需注意亮面部分并不是完全留白的，尤其是一些曲面部分、圆角转折部分，在离视平面较远部分转折处也有明暗变化。

（5）阴影处理：在明暗图快速表现里，阴影是必不可少的，既可像前面线条图一样使用排线，也可以按照预先设定的光源方向，沿着产品的轮廓用深色加深，层层叠压，同时留有飞白，不要涂得过死，同时也可以对轮廓线进行修正和调整，以突出整体效果。

（6）点高光：点高光可以用白色铅笔，也可以用涂改液，高光忌多忌乱，应考虑前面光源的设定方向，白色铅笔沿着受光边线轻画，在拐角处或迎光面的最高处用修改液点上高光点，然后轻轻沿边线左右画一下。如果高光点较多，一般都是顺着光线方向连成一线，有一定的汇聚。使用彩色铅笔表现时，高光部分一般都是预先留好的，在后期调整时可以用橡皮擦轻轻擦出高光部分。

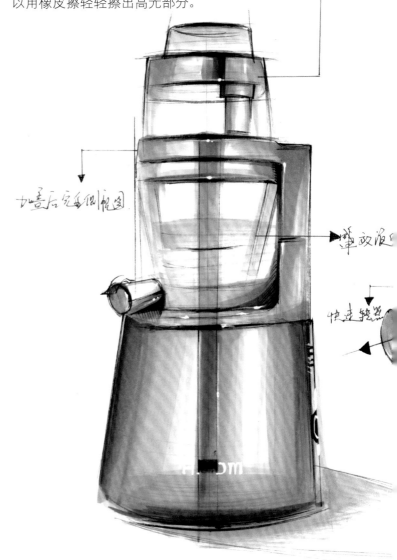

图 4-11　具有"黑白灰"色调关系的光影表现图，作者：邢雯（鲁美 2015 级学生）

4.3　色彩

在产品设计快速表现中，产品色彩问题是一个重要方面。色彩在整个产品的形象中，是最先作用于人的视觉感受，可以说是"先声夺人"。产品色彩如果处理得好，可以协调或弥补造型中的某些不足，使之锦上添花，很容易博得消费者的青睐，而收到事半功倍的效果。反之，如果产品的色彩表现不当，不但破坏了产品造型的整体美，而且很容易影响观看者的情绪。在画面表现中，我们要适当运用色彩知识，使画面色彩既丰富，又有明确的关系，不至于出现"花"与"乱"的现象（图4-12～图4-14）。

4.3.1　表现要点

（1）一般产品色彩不会太多，以一种色彩为主色调，2～3种颜色就足够了。

（2）画面色彩应着重于整体表现，不协调的颜色混用会导致画面混乱，让人看不清产品的色彩倾向。

（3）强调色彩的明暗关系，注重立体感的塑造。

（4）注意留白，恰当的留白胜过大面积的平涂，强调明暗分界部分的色彩表现。

（5）落笔尽可能干脆、轻松、不拖泥带水，笔触应有适当的粗细变化、方向变化、长短变化。笔触运用的趣味性可以增强画面的感染力和艺术气氛。虽然色彩是控制画面效果的主要因素之一，但需要注意的是：效果图用色情况不同于绘画中的色彩表现，不需要考虑太多的色彩关系，不需要过多地表现色彩微妙的变化。

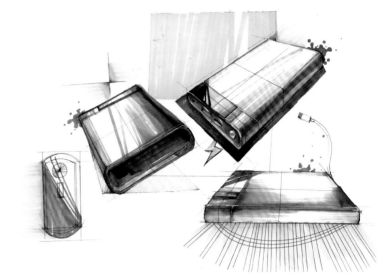

图 4-12　马克笔产品色彩表现图，作者：李东煜（鲁美2016级学生）

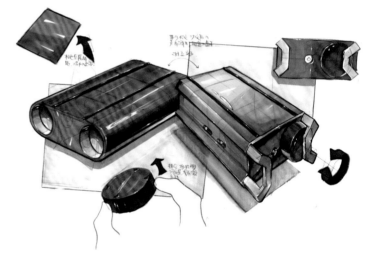

图 4-13　马克笔产品色彩表现图，作者：史佳弢（鲁美2016级学生）

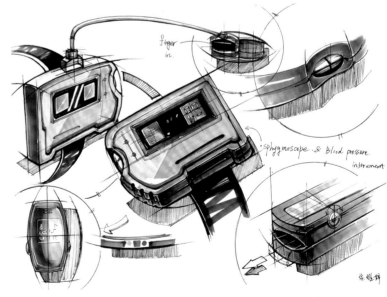

图 4-14　马克笔产品色彩表现图，作者：徐雅婷（鲁美2016级学生）

4.3.2　色彩退晕的表现

退晕即指在同一平面（无论是亮面或是暗面）由深到浅或由浅到深的明暗渐变效果。这种明暗色调的变化均匀平缓，没有突然而明显的界线或跳跃，是十分微妙的过渡，稍不留意就会忽略。然而退晕对生动而真切地表现物体的体积感、空间感和光感十分重要，缺乏退晕表现的效果图往往显得呆板、单调而无生气。

客观世界中形成退晕现象的因素主要有两方面。一是由于透视的因素：空气中水蒸气、尘埃等阻挡光线的通过，使近处的东西看上去清晰鲜明而远处的东西模糊、色调减弱，形成明暗的退晕。二是由于反光的作用：反光也会引起色调的退晕变化，这一点在背光面尤为明显。暗面的反光退晕效果使阴影部分显得透明而具有光感和空气感（图 4-15）。

色彩退晕的表现规律见表 4-2。在实际作画中，即使对那些体量较小、空间进深不大的产品，也应对其退晕效果加以强调和夸张，从而增强其立体感和空间表现力。

图 4-15　马克笔的色彩退晕表现

表 4-2　色彩退晕的表现规律

距　　离		近　　　　　　　　　远
退晕效果		纯度高 ⟶ 纯度低
		明度高 ⟶ 明度低
		暖色 ⟶ 偏冷
		冷色 ⟶ 偏暖
		浓 ⟶ 淡
		暗色 ⟶ 偏灰
		对比强 ⟶ 对比弱

4.4 质感

产品设计的快速表现，不仅是对产品色彩的表现，更应包括材质的表现。材料的质地有粗细、软硬、松紧、透光与否、反光与否等区别。我们可以通过笔触的运用及利用材料本身的色彩关系来表现它们的个性。除了表现物体的固有色外，对物体透光和反光程度的描绘是表现材质最主要的方法。设计表现技法必须遵循准确传达信息的原则。在设计表现中通过对物体材质的表现可以直接反映出物体与材料的真实性。物体材质的表现不是对实物的完全再现，而是通过截取材质的典型性特征来传达设计者所要表现的材质感觉和特征。

设计表现中与材料质感有关的表现元素包括材料的色彩、材料表面的肌理及材料对光的反射和折射。材料的色彩表现与材料本身的特性有关，对光的反射性比较低的材料更多地表现出材料自身固有的色彩与肌理，相反，高反射的材料更多地反射光源及周围环境的色彩。材料的肌理是材料本身表现出来的固有特性，如木材、石材等。材料对于光的反射性反映了材料本身对于光线吸收和反射的比例，如表面同样光滑的木材和金属，因木材本身吸收的光线更多，所以其反射的光线就少于金属，而金属表面就更多地体现环境色彩对它的影响。反射性是表现材料特性的一个重要的参数，在表现产品的时候应该加以合理地利用以充分地表现材料质感。

不同的材质之所以给人带来不同的视觉感受，归根结底是由于不同材质对光线的吸收反射的不同所造成的。据此，我们可以将材质分为以下 4 类：不透光但高反光的材质、能透光而又反光的材质、不透光而低反光的材质、不透光而中反光的材质。

4.4.1 不透光但高反光的材质

这类材料如镀铬金属，反光特性明显，具有较强的反光区和高光点，而且受环境影响较大，常有很强的光源色和环境色（图 4-16、图 4-17）。

这类材料表现规律如下。

（1）表现不透光但高反光材质时用笔要刚健，笔触明确、边缘清晰，以表现金属坚硬、结实的质感。

（2）根据物体的形态特征，采取不同的运笔方向，表现不同形体之间不同的起伏和转折关系。注意受光面和背光面的明暗对比变化和色彩冷暖对比关系。

（3）表现高光时，注意分析光线的照射角度，据此来表现高光，切勿到处乱点高光。一般高光常出现在曲面的最高点和最低点。

4.4.2 能透光而又反光的材质

玻璃、透明有机塑料等材料通常光洁度高，受光面会有明亮的反光区，投影和反光并存（图 4-18、图 4-19）。

这类材料表现规律如下。

（1）这类材料反射性强，亮部存在反射与炫光，不易看清结构，暗部反射较少，可以看清内部结构及其后面的环境。

（2）表现透明体时应先从暗部入手，表现其内部结构、背景色彩及反射的环境，然后表现

图 4-16　镀铬金属的质感表现

图 4-17　高反光玻璃及油漆的质感表现

亮部高光和反光，突出其形体结构和轮廓。

（3）材料较厚或表现透明的侧面时，应注意此时的光线会发生反射及变形。这时应重点表现材料自身的反射及环境色。

（4）大多数透明体都略显冷色调，一般为蓝色，而透明体的亮色和暗色均接近于中间调。

4.4.3　不透光而低反光的材质

橡胶、木材、砖石、织物、皮革等材质，本身不透光且少光泽，光线在其表面呈漫反射现象，各表面的固有色之间过渡均匀，受外部环境色的影响较少（图 4-20～图 4-23）。这类材料表现规律如下。

（1）表现的重点应放在材质的纹路、肌理的刻画。

（2）表现橡胶、木材、砖石等硬质材料时，线条要挺拔、硬朗，结构、块面处理清晰、分明，突出材料的纹理特征，弱化光影表现。

（3）表现织物、皮革等软质材料时明暗对比要柔和，弱化高光的处理，并避免生硬线条的出现。

4.4.4　不透光而中反光的材质

塑料、喷漆处理过的材料表面，给人的感觉较为温和，明暗反差不强烈（图 4-24、图 4-25）。这类材料表现规律如下。

（1）表现这类材料时注意其反光程度的差别。塑料本身的色彩十分丰富，且纯度很高，处理时应注意环境色和固有色的关系。

（2）塑料材质上一般只有一处高光，而且高光面积不大，亮度较金属上的高光要弱。

质感的表现，就是抓住物体的表面肌理特征。具有视觉经验的人，并不是靠触觉来感知物体的重量、温度、干湿、软硬、粗糙、细腻的，而是直接靠视觉感知的。正是如此，表现图是二维的图，而不是摆在你面前的实物，更需要表现者具有良好的质感表现能力，从而达到真实的表现效果。

图 4-18　半透明玻璃的质感表现

图 4-19　全透明玻璃的质感表现

图 4-20　木材的质感表现

图 4-21　哑光铁的质感表现

图 4-22 橡胶的质感表现

图 4-23 哑光塑料的质感表现

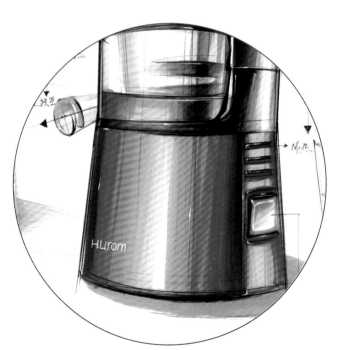

图 4-24 中反光金属喷漆的质感表现

图 4-25 中高反光金属喷漆的质感表现

（本节图片案例均来自作者所执教课程的作业；图片作者有：鲁美 2015 级的邢雯、侯佳琪、张玉、吕思瑶，2017 级的郭玥、吴澄扬、李佳书）

思考题

（1）形态结构表现在表现图里的作用是什么？

（2）绘制形体光影需要注意哪些问题？

（3）表现图形态色彩的实施需要注意哪些点？

（4）表现图的质感表现应如何应对？

（5）简述表现图的四大基本要素。

第五章
产品设计快速
表现的思维方法

本章要点：

1. 产品设计快速表现中的思维"状态"
2. 想象力的"状态"与"作用"
3. 构思表现的"创造过程"

本章引言：

产品设计快速表现这一行为是现实的，但同时又是虚拟的。从设计快速表现的对象尚不存在这一点来说，设计快速表现是虚拟的；从绘制的形象会作为客观存在进行使用这一点来说，设计快速表现又是实际的。像这样在创意展开的时候并不存在，但要努力创造为很可能客观存在的对象，就是设计快速表现的目的。设计师的目标是创造出可以使用的对象。由于要将重点放在创造目前还不存在，但总有一天会存在的形态而进行设计快速表现，因此，与练习绘制看得见的对象相比，通过掌握创造新形态的思维方法来理解设计快速表现就显得更为重要。

5.1 快速表现中的思维 "状态"

所谓思维，是指人脑利用已有的知识，对记忆的信息进行分析、计算、比较、判断、推理、决策的动态活动过程。它是在表象（感知过的客观事物在人脑中重现的形象）和概念基础上进行分析、综合、推理的认识过程，是获取知识及运用知识求解问题的根本途径。对产品设计快速表现的认识不够，是无法绘制出好的表现图的。在绘制草图或依据草图创造形态的过程中，思维方法始终穿插于其中，"这些认识活动是指积极的探索、选择、对本质的把握"。产品设计快速表现实际上是围绕着"解决问题"来展开

的。所谓"问题"，是指设计表现各要素交织在一起时，所产生的关系或矛盾，即客观条件：发现、研究、判断、解决、评价。"要解决的问题"贯穿于整个绘图表现过程，驾驭这个过程的方法、技巧则要以"已有客观条件切入"来引导。学会观察、分析、归纳现有的条件，联想、创造出设计表现结果。我们的产品设计快速表现过程正是依据这种思维方法的介入而产生了有效途径。产品设计快速表现思维是一个互动的过程，过程中要不断地重复、完善和整合、手与脑积极协调，具体如下所述（图5-1）。

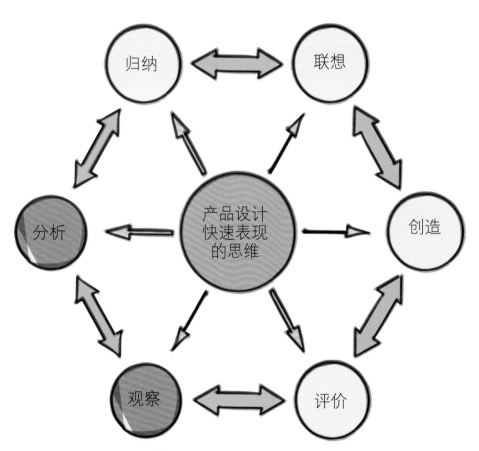

图 5-1　产品设计快速表现思维模式图

5.1.1　建立对"表现"本质的认识

对表现图的认知是产品设计快速表现思维的第一步，不了解本质就根本无法去进行思考，因为连"问题"都发现不了，那又将"思考"什么呢？认知是发现问题、收集信息、学习知识的过程。

常言道"内行看门道，外行看热闹"，认知这一过程看似简单，其实不然，因为要想真正"掌握"其"门道"，首先就必须先成为一个懂行的"内行"，即要先具备正确的方法和一定的知识和经验。对产品设计快速表现基础形态的构建在头脑中形成概念，对给出的客观条件能正确进行特征、条件、规律的描述，并能看到客观条件的未来形态展望。缺乏这样的认识，一切都无从谈起。认知观察绝不是"了解"而已，而是要思考其内在的逻辑。我们需要"摸清"构建产品设计快速表现的客观基础条件，这种"摸清"的过程是感性与理性相伴的，最后根据要表现内容的客观条件继续思考。

5.1.2　给予"表现"程式的分析

分析问题是设计思维的深化过程、在通过观察所获得的信息基础上，经过深入、仔细的分析，可以透过现象来发现其本质特征。"分析"意在将"整体表现"的组成成分按原理、材料、结构、形态、色彩、质感等不同角度进行观察，所以在这个意义上的"分析"既可使"观察"全面、细致，又可使"观察"系统、深入，在"比较"中真正理解"表现"的本质和存在规律。

这不仅有利"认知"，更为下一阶段的"归纳、联想"打下思考的基础。分析对象时要善于发现问题，捕捉要点。在观察过程中需要获得的是清晰、整合的信息，而不是混沌、零散的表象。基于以上表述，设计表现图中具体的表现如下。

1. 对于体积的设想

体积是一个平面形状沿一个与它的表面非平行的轴线平移所生的三维形式。我们可以从几何形体（立方体、圆柱体、多面体等）、量度（大小尺寸）、容积（占据空间的量）和几何结构（复杂形体的相互关系）等诸方面来认识和描述一个物体体积。由于我们通常所见的体积都是由一定的物料所制成的实体，它还包涵一种重量感，又称积量感。在静止的状态下观察一个实体，由于视角和透视的缘故，我们可以从所见的至少两个面感知到它的立体特性。想充分体验一个体积或实体的各个方面，我们通常需要手持该物体在眼前旋转，或者围绕该物体走动，这样在体积的体验中就又包含时间的因素。一方面，我们要学习如何以形态的方法来体验体积的几何结构和重量感；另一方面，我们还要就如何表现有关体积的诸多特性的方法进行探讨，尤其是如何表现体积的多面性特征和体验体积的运动和时间因素。以此为出发点，本专题的主要目的是培养一种观察和表现客观事物的基本态度和方法。它不依赖于一个特定的视点或某一个特定的时刻，对一个物体体积的全面了解需要一种特定的表现方式，即形态的构建。

2. 光影的分析和描述

一个物体因为光照而显现自身，因为遮挡了光线而产生阴影。一方面，光影对于视觉研究来说是如此之重要；另一方面，光影却又是一个物体所具有的最不实在的一个视觉特性，它应光线之照射而生，随光线的消失而逝。无论是对大型产品的细部的推敲还是对小型消费品的形体研究而言，光影都是最基本的形式要素之一。把握光影这个形式要素，即对光影形状的直观认识。我们首先要强调的一个观念就是光与影都可以看成是形状。我们应该也把这种阴影看成一种形态，找出它的律动，并以此为扩展，开展形态。很显然，该形状是与特定几何体积的凹凸起伏直接相关联的。阴影的形状不是固定不变的，它随着光源的变化而变化。

5.1.3 对"表现"方式精于归纳

尽管"分析"问题十分重要，但"分析阶段"的目的是"析出"问题的"本质"，从而"归纳"出"清晰透彻"的"目标"，以便解决问题。所谓"解决问题"是指提出的"方案"有可能实施解决。"归纳"还在于将具体而繁杂的问题进行分类，以析出"关系"，明确"目的"，为"重新整合关系"提供依据。"归纳"可以进一步提高我们对"设计表现"的认识。如果说"分析"是为了由表及里、去粗取精，那么"归纳"则是"去伪存真"，为"由此及彼"奠定基础。"分析"不到位，"归纳"就会出问题；在"归纳"过程中，要不断修正"分析"的范畴和深度。在设计表现过程中，线条的走向、体量的处理、表面的组织等，所有这些首先意味着去做——即实际的绘画作图，对于设计者来说，设计表现的过程就是"经验归纳"的过程。它的目的是在对"设计表现"的个别处理手段和片段的认知与分析的基础上，以综合的方式来表现被研究对象视觉形式的整体性。

5.1.4 作图过程中要善于联想

如果我们把"归纳"称为设计思维的"收缩阶段"，那么"联想"则应称为设计思维的"发散阶段"。通过"归纳"而总结出来的规律不是为了要将其束之高阁，而是需要它来指导实践活动。借助于"联想"可以由此及彼、由点及面，从而使思维得到"发散"。联想也是创造的准备阶段，在这个阶段并不需要刻意去追求所想象对象的合理性，而要强调的是思维能沿着不同类别抽象的归纳方向演化，使之具有发散性和新颖性。就空间想象力的开发这个问题而言，我们所指的是创造未见之空间形体的能力。

有这样一种说法，"如果你想要得到最棒的想法，那么最好的方法莫过于产生很多想法"。对于所面对的设计表现中的某个问题，如果你只有一种想法或者是解决方案，那么你将只有一个行动方向。对这个越来越要求多样性与变化性的世界来说，这不是我们要求的。如果仅仅是将一种想法或者是解决方案作为方向，那么我们除了这个想法别无选择；如果只追求一种想法或者是解决方案，很多人都会认为心中浮现的第一个想法就是最好的，而不去深究就作出决断。这并不可取，不断地训练自己的内心，去寻找更多的解决方案是非常重要的。要让你的创意能力和想象力保持开放状态，发现第一个、第二个、第三个甚至更多想法和解决方案，这样才能够激发创意和想象力。生命是由无数个选择所构成的。只有你的思维是开放的，才能够扩大选择的范围。要不断地训练自己去发现更多的选择及解决方案，我们看到的许多快速表现优秀案例也正是基于此来开展的。

5.2　快速表现中构思的"创造"过程

在前文提及了设计思维是围绕"解决问题"而进行的。前文主要谈论的是如何发现问题和分析问题，然而必须强调的是：发现和分析"问题"不是目标而是过程，"创造"才是真正的目的。这是因为"创造"的目的正是解决"问题"，并使设计表现的各方面内容因素趋于平衡、合理、赋予规律。"创造"是选择、组织、整合的过程。这个过程既能广泛消化客观的条件、自己的经验，又能学以致用地吸收自然、前人的营养，将创造之"新"落脚到原始创新意义和知识产权的"新产品"上。

"创造"是设计思维的最后阶段也是其最终目标。其实，前面所谈及的几个阶段都是在为"创造"作铺垫的。实际上，"设计表现"训练的目的不是别的，而是要培养和提高学生的创造性的思维能力。众所周知，设计是一项创造性极强的工作，没有卓越的创造力必将难以承担此重任。因此，"创造"应该是设计思维的重中之重。

从广义上看，所谓设计快速表现的思维是创造者利用已掌握的知识和经验，从某些事物中寻找新关系、新答案，创造新成果的高级的、综合的、复杂的思维活动。设计快速表现的思维与一般性思维相比，其特点是思维方向的求异性、思维结构的灵活性、思维进程的飞跃性、思维效果的整体性、思维表现的新颖性等。我们可以总结为创造活动过程由提出问题或任务、准备、产生反应、验证反应、结果五个阶段组成，并且可以循环运转。

我们在设计构思中，常会用到"创造性"这个词，创造性行为的核心意义是发现事物的"独创性的"和"更好的"想法。在产品设计快速表现中，创造力的特点之一就是构思概念具有流畅感的图面表现，也就是能够快速地浮现出无数概念或想法的"渠道"。创意构思手绘的流畅感，是一种图像形态概念的生成"意识流"，这对设计构思来说，是表现创造力的重要因素。

作为创造行为的属性，创意构思的流畅表现具有视觉语言的特点。为了形成这种视觉性语言的概念，要用心去想象，因为我们所具有的基本信息处理的能力是体现于视觉性探讨行为——绘图的表现。绘图中丰富的图像能够提高产生新想法的可能性，这可以进一步促进创意构思的生成。

想象及思考这种创意构思的视觉图像，然后将其绘制到纸面上，这种表现行为就是设计手绘。从概念的开始，到视觉语言与图像的生成，设计手绘在拓展创意构思中起着重要的作用。我们应该在解决问题的时候，使用丰富的概念，进行"果断的变化"。在设计手绘中，这种行为体现出利用透视与扭曲、几何变化及视觉隐喻等方式的图形图像的表现能力。

思考题

（1）快速表现中的思维"状态"是什么？

（2）表现图中想象力的"作用"是什么？

（3）构思表现的"创造过程"是怎样的？

第六章
产品设计快速表现
的切入训练

本章要点：

1. 培养"手感"
2. 快速画直线
3. 快速画圆
4. 快速画椭圆
5. 快速画曲线

本章引言：

对于产品设计快速表现技法的初学者来说，往往不知道如何下笔，这除了牢固掌握前几章的基础相关设计表现知识之外，对于绘制中"手的感觉"的培养也是十分重要的。这是我们培养绘图中敏捷的思维能力、快速的表现能力、丰富的立体想象能力的"物质"基础，也是训练培养分析、理解、创造能力的"前提条件"。只有掌握快速绘图的手感与技巧，达到相当熟练的程度，才能把自己心里所想的创意，得心应手地快速表现出来，并且力争合理、准确。

6.1 快速画"直线"

在产品设计快速表现图的形态特征上，我们可以归纳出三种比较常用到的线型，就是直线、正圆与椭圆、曲线。坚持直线、正圆与椭圆、曲线的训练对自己的手绘表现会起到很好的"手感"培养作用。对于初学产品设计手绘的学生来说，"画线"的笔感训练是非常重要的。熟能生巧是最恰当不过的"提升图面视觉质量"的方法。我们在此节首先讨论一下直线的画法。

直线的练习方法：端正自己的画图姿势，养成坐正姿势画图的习惯。产品设计快速表现的握笔姿势与画素描不一样，是"写"的握姿（图6-1）。

开始画线时，用铅笔，最好选择软一点的铅笔来训练，刚开始训练的时候从横线画起，先在纸面上用铅笔定好"基础点"（图6-2），再尝试用直线把两点连起来。开始可以速度慢点，渐渐地加快速度，但是不能用惯性去画直线，必须控制好速度和力度，尽量保持在同一力度下匀速绘图，最后控制每一根线都一样直，而且粗细均匀，上下线的空隙尽量保持一致。当横线练习完可以训练其他角度的直线，各方向的直线都需要训练（图6-3）。

直线的画法重点在于，持续不断地重复训练，逐渐培养起自己的"直线"手感。

图6-1 快速表现当中运用"写"的握笔姿态

图6-2 课堂上绘制的关于画线的"基础点"的范例图

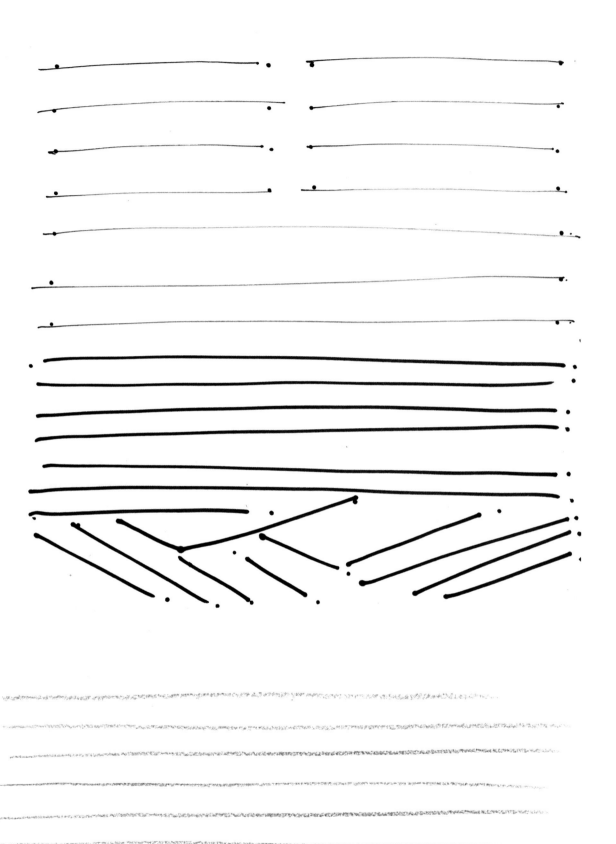

图 6-3 课堂上绘制的"线的画法"范例图

6.2 快速画"正圆、椭圆"

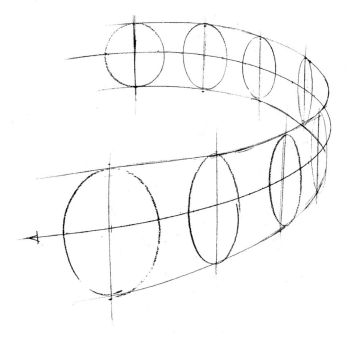

快速画正圆、椭圆的训练方法与直线相似，不过你的笔最好与纸面保持垂直的状态，这样的处理可以帮助我们"运笔"。画圆的时候眼、脑、手要合为一体，这个需要自己去感受那个"点"（图6-4、图6-5）。我们可以在练习当中逐渐体会这种"手感"，刚开始的时候这些训练是非常枯燥乏味的，但是只要坚持每天在两张A3纸张正反面画满，7日后你绘画的感觉就会有明显变化。

图6-4 课堂上绘制的关于椭圆的透视关系的范例图

图6-5 课堂上绘制的关于正圆、椭圆的"找手感"范例图

6.3　快速画"曲线"

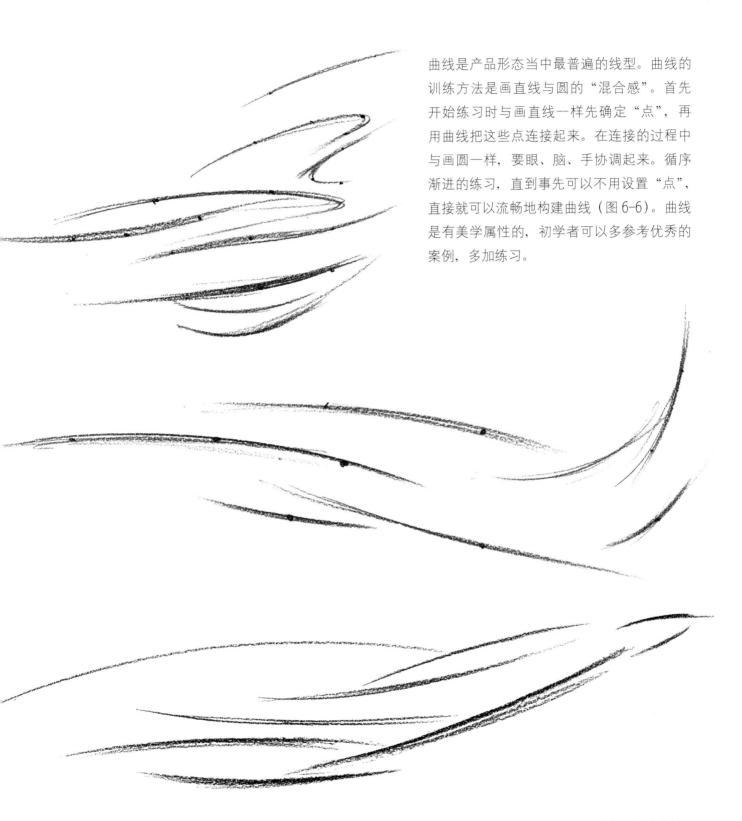

曲线是产品形态当中最普遍的线型。曲线的训练方法是画直线与圆的"混合感"。首先开始练习时与画直线一样先确定"点"，再用曲线把这些点连接起来。在连接的过程中与画圆一样，要眼、脑、手协调起来。循序渐进的练习，直到事先可以不用设置"点"，直接就可以流畅地构建曲线（图6-6）。曲线是有美学属性的，初学者可以多参考优秀的案例，多加练习。

图6-6　课堂上绘制的关于"曲线的画法"的范例图

思考题

（1）如何认识手绘表现中的"手感"？

（2）"手感"的价值在哪里？

（3）椭圆的透视规律是如何的？

（4）画线时，"点"的设置有什么意义？

（5）通过这些训练，你能"动手"了吗？

第七章
范画过程

本章要点：

1. 线稿的绘制流程及要点
2. 马克笔稿的绘制流程及要点
3. 色粉稿的绘制流程及要点

本章引言：

产品设计快速表现技法课程除了讲授基础知识及训练指导之外，还有一个重要的课程要素，即范画演示教学。在实际的教学中，本章的内容对课程的建设起到事半功倍的作用。本章利用切实有效的表现图步骤图的论述和经验传授，力求帮助初学者快速入门。本章对每种表现技法进行了规范的步骤讲解，以便初学者直观理解。本章示范图例均来自本书作者在课堂上的范画。

7.1　五金工具线稿表现图的绘制范例

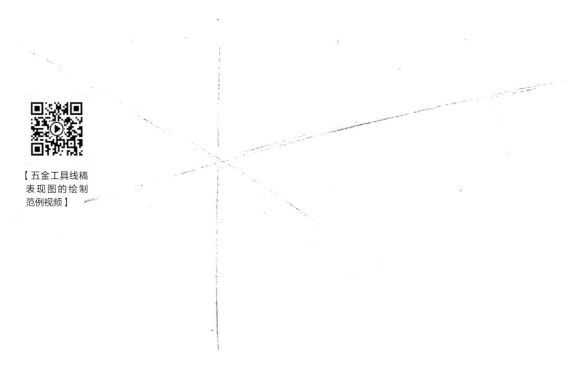

【五金工具线稿
表现图的绘制
范例视频】

（1）根据透视的原理，我们在本案例中选用 30°～60° 的成角透视方法。在这里，我们不可能用尺子按制图标准绘制透视图，我们采用草图意向的透视方法，绘制主要透视方向线。这有点像我们经常接触的三维坐标轴。

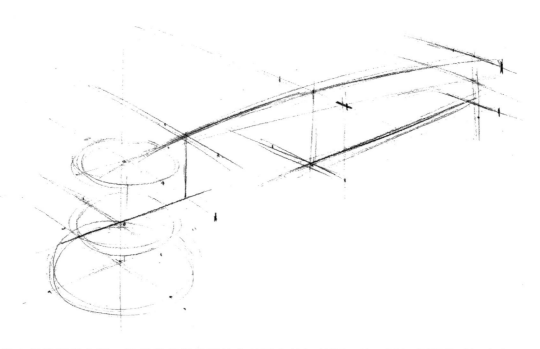

（2）根据设定好的透视空间，画好我们想表现的产品形态特征截面，并且要把截面的透视也归纳好。

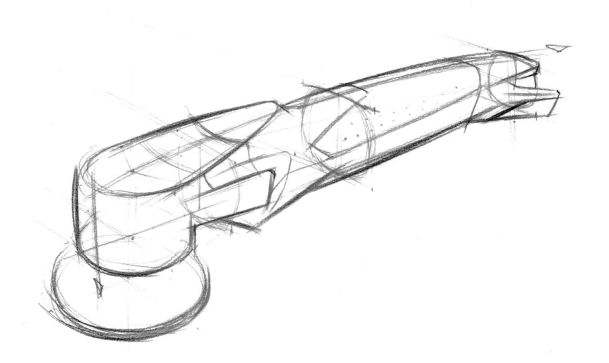

（3）画好截面上的形态图形特征线，然后根据整体形态把各个截面图形用线连接起来，这个阶段已达到产品形态设计的初步呈现。

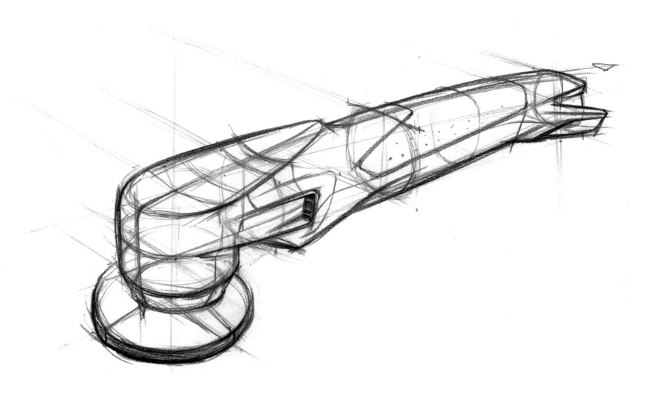

（4）调整形态表现的整体关系，并对产品形态的细节设计进行绘制表现。

（5）绘制形态表现的整体光影关系，主要是表现出形态的明
暗交界线，这可以用铅笔的"笔肚"来处理。绘制形态的投
影，可以采用简化的投影处理方式。最后把重点的形态边界
进行加重处理，达到突出的目的，产品形态设计的线稿表现
基本完成。

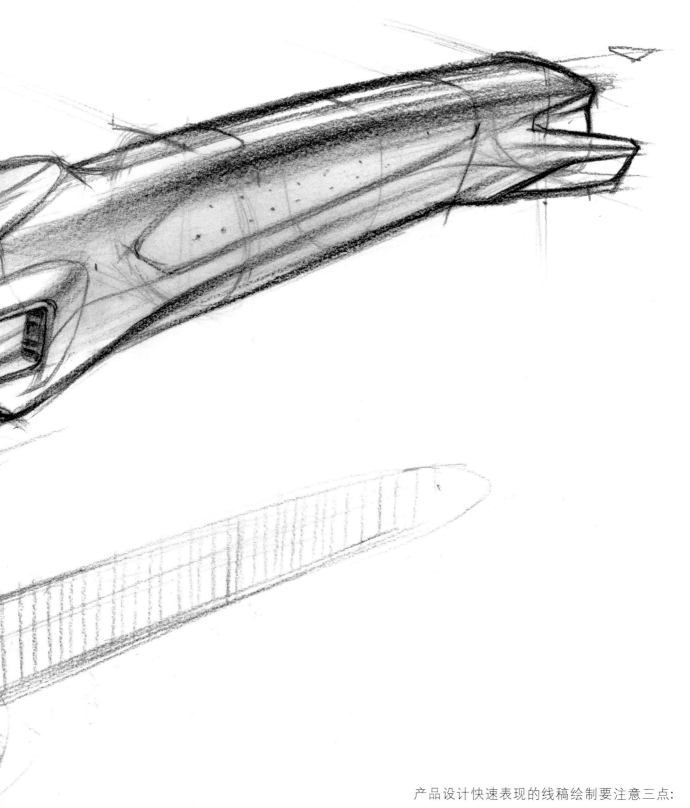

产品设计快速表现的线稿绘制要注意三点：
一是透视要准确；二是结构要表现清晰；三
是线条的绘制要有一定的表现力。

7.2 五金工具马克笔上色的绘制范例

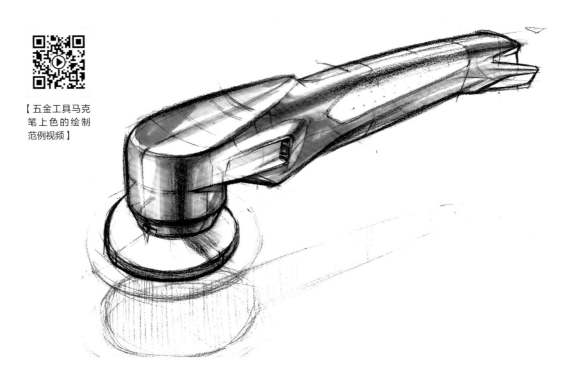

(1) 以画好的线稿为基础，做马克笔着色。首先以主体色块着手，从亮部浅色开始，逐渐过渡到明暗交界线的暗色，色彩的加深可以使用同色号的马克笔重叠绘制，也可选择不同色号的笔有序绘制。

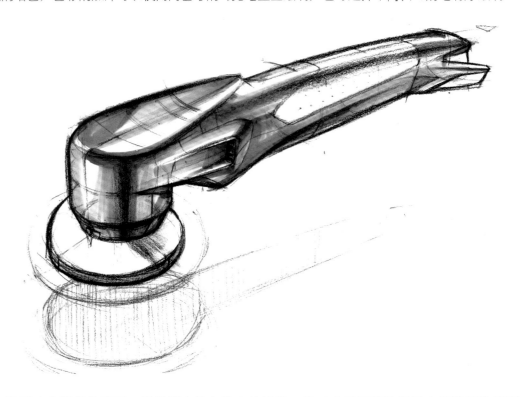

（2）加强明暗交界线的表现，增强形态的大的立体关系，并对产品细节进行马克笔的塑造表现。

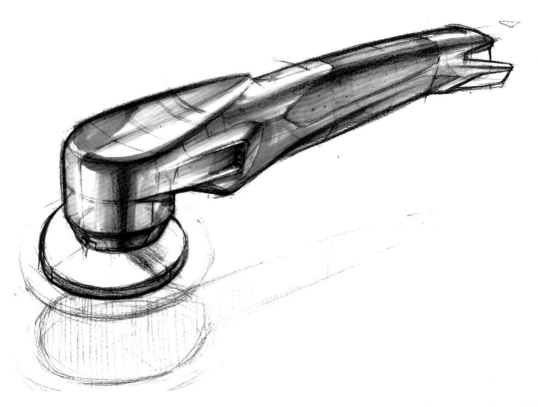

（3）对产品的把手部分进行色彩塑造，因为是橡胶质感，所以不需要有太大的对比，色差不需要过大。

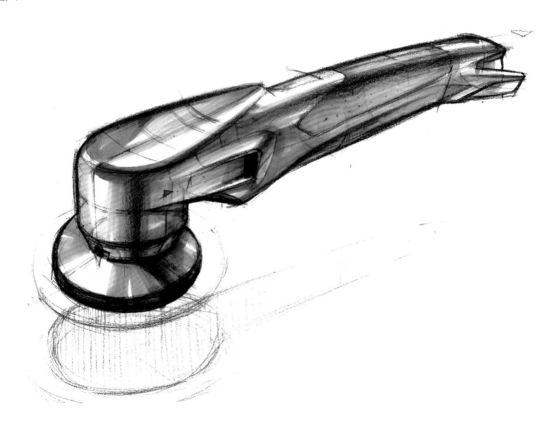

（4）对工作头的部分进行马克笔塑造，请注意留白，这样表现的质感干净、自然、利落。

（5）用暖灰绘制产品形态的投影，增强表现
图的空间感。对整体进行调整，但注意不要
过多重复，避免浑浊。最后使用白色高光笔
进行高光线的绘制，增强表现层次，产品形
态设计的马克笔表现基本完成。

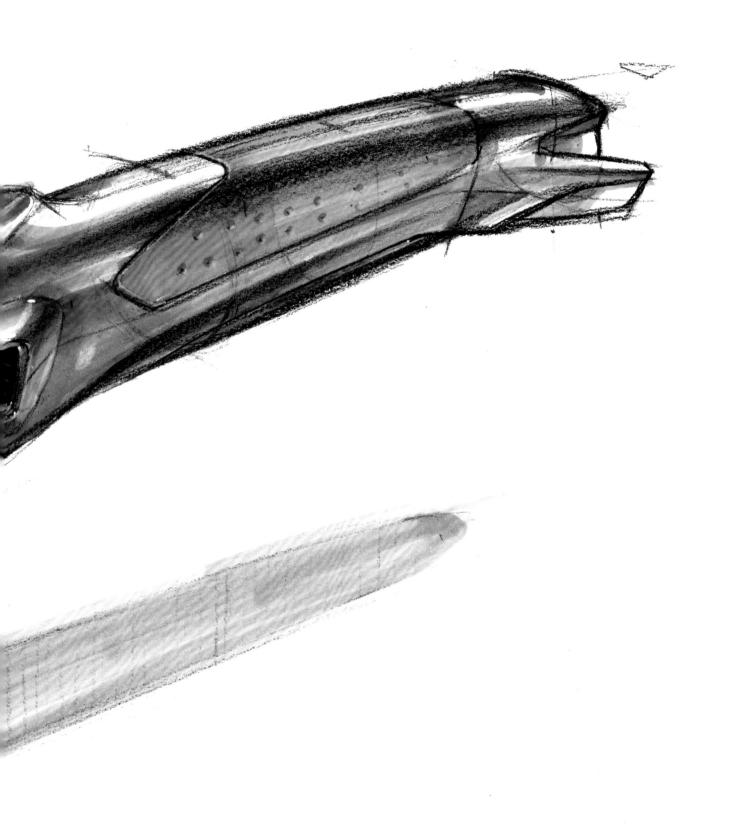

产品设计快速表现的马克笔绘制要注意三点：
一是线稿绘制一定要到位；二是切记不要过
多重复；三是在铺色之前，头脑中一定要计
划好，什么地方如何处理一定要理清思路。

7.3 重型卡车线稿的绘制范例

【重型卡车线稿的
绘制范例视频】

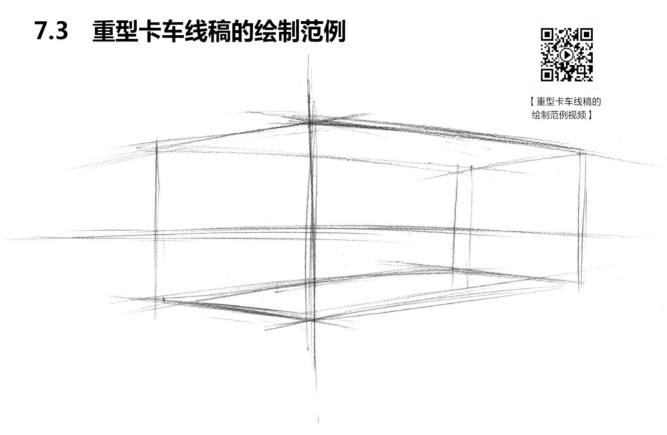

（1）因为卡车的超大体量，所以选取一个仰角透视是十分必要的。我们先确定卡车形态体量的
透视关系。

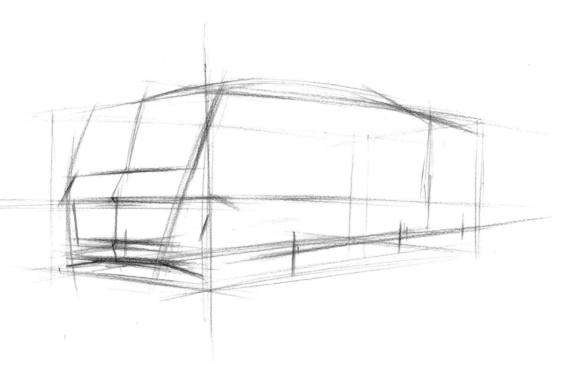

（2）再根据设定好的透视空间，依据透视盒子的界限画好特征线型，这个过程也要注意与整体
的透视关系。

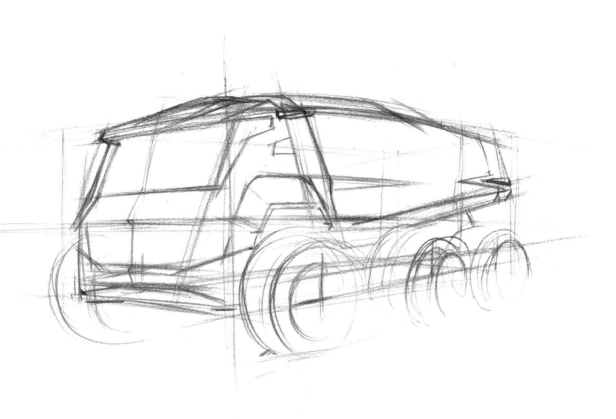

（3）依据大的特征线，进行卡车形态的各个部分设计表现，线型要果断、肯定，把卡车产品形态设计的表现初步呈现出来。

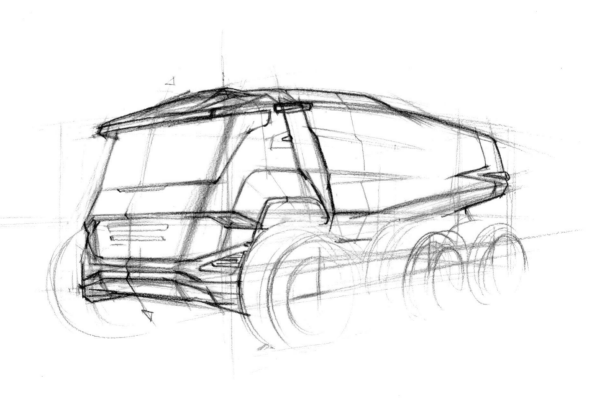

（4）调整卡车形态设计表现的整体关系，进一步对卡车产品形态的细节设计进行绘制表现。

（5）把卡车形态的透视及各部分细节处理做整体调整，把卡车形态的明暗交界线交代清楚，这可以用铅笔的"笔肚"来处理。把卡车形态的边界线型进行加重处理，以达到突出与确定的目的。重型卡车产品形态设计的线稿表现基本完成。

7.4　重型卡车马克笔上色的绘制范例

【重型卡车马克
笔上色的绘制
范例视频】

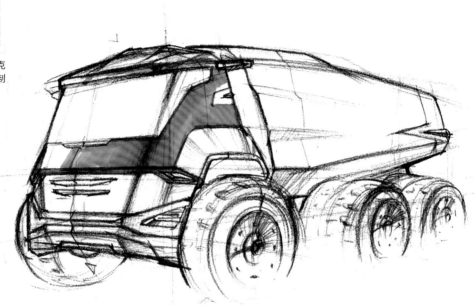

（1）在绘制好的重型卡车线稿的基础上做马克笔着色，先从卡车的主体色块开始。从亮部的工程黄浅色开始，逐渐过渡到明暗交界线的工程黄暗色，色彩的加深可以使用同色号的马克笔重叠绘制，也可选择不同黄色号的马克笔有序排笔。绘画时注意留白，不宜把色填满画死。

（2）把整部车主体的大色铺满，注意色彩"近实远虚"的空间关系，注意马克笔排线要随着形态特征走。

（3）对卡车驾驶室的玻璃部分进行色彩塑造，要画出它的反光质感，亮部稍加些"蓝色的天光"，这样会显得自然生动。

（4）对卡车前格栅与车轮的部分进行马克笔塑造，同样请注意留白，不要画得太死。

（5）把车灯、后视镜、轮毂等细节表现完善，增强表现图的精致感，并对整体进行微调。使用白色高光笔进行高光结构线的绘制，增强表现图的层次感。重型卡车产品的马克笔表现基本完成。

7.5　色粉 + 马克笔精细表现图的绘制范例

【色粉 + 马克笔
精细表现图的
绘制范例视频】

（1）根据设计构思绘制好线稿。此阶段除了注意透视、形态结构的准确之外，在线型表现上可以使用辅助尺具，以达到"精细"之目的。

（2）根据设计意图，通常将暗部或背光部分使用马克笔做"面"的塑造，但也要注意色块不要涂死，要透气。

（3）对设计形态的受光部分用色粉施色，色粉细腻的质感对表现受光部的精致感是十分恰当的。但注意，一般擦涂一遍色粉肯定不行，要擦一遍后喷定画液，然后再擦，直到效果满意为止。

（4）对产品的细节进行刻画时，注意细节要保持在整体的色调之中，并对形态的形面进行反光映射的处理。

（5）使用色粉＋酒精棉球擦出表现图背景，注意黑白灰的色调变化。使用白色高光笔进行高光结构线的绘制，增强表现图的层次感，注意此时是可以借助辅助尺具来完成的。至此，精细色粉＋马克笔表现图基本完成。

思考题

（1）手绘表现中线稿草图的绘制重点是什么？

（2）马克笔草图要注意的要点在哪里？

（3）色粉最适合表现什么样的物体？

（4）色粉＋酒精棉球能擦出什么样的效果？

（5）色粉＋马克笔精细表现图的特点是什么？

第八章
课题训练项目

本章要点：

1. 铅笔线稿表现图实践实训
2. 针管笔线稿表现图实践实训
3. 线稿＋马克笔表现图实践实训
4. 色粉笔＋马克笔表现图实践实训

本章引言：

显而易见，产品设计快速表现是以实践实训为主要达成手段的课程。前几章讨论的基础理论与示范内容只是对于一般表现规律的了解和探讨，掌握理解了这些基础理论内容还不足以提高学生绘制表现图的水平，还需要学生通过实训来提升自己真实的技能。学生可按照课程计划的学习目标，经过实训的系列过程和步骤，应用自己目前掌握的表现图知识和绘画技能，通过过程训练来达到自己的理想表现图目标水平。下面提供几个代表性的表现技法学习训练进程结构供学生参考。

8.1　课程项目设置

课题的教学目标和要求：

产品设计快速表现是培养产品设计过程中快速捕捉设计构想和快速表现设计构想的一门基础训练课。设计快速表现以快捷的方式将客观对象和主观创意的形象特征、材质特征、色彩特征、物象空间关系、大体透视关系、光影效果和审美特征高度概括并进行纸面表现，以此传达设计信息，沟通设计思想。设计快速表现训练不仅能提高快速熟练的设计表现能力，而且能促进形象思维的积极运转，开拓想象空间，对设计构想的深度、广度和完善起着非常重要的作用。

教学重点与难点：

本门课程首先要学生掌握产品设计表现的特征、绘制手段的技术技巧，更为重要的是要提升脑与手的协调造型能力，重塑设计观念，启发学生的空间想象力和创新意识，熟练掌握在二维空间中表现三维立体造型的能力，从设计表现这一层面上增强对设计的理解和再认识。难点是指导学生从以前表现客观事物的绘画思维转变到表现主观想象的设计思维上。

教学对象：工业设计专业一年级本科生
教学方式：课堂讲授、现场示范、讨论
技能训练教学时数：80 学时

8.2　铅笔线稿表现图作业

通过寻找优秀产品设计的案例图片，使用前期的结构素描基础及表现图的结构、光影表现基础，让同学们开始分析表现这些作品，不用上色，作业为铅笔稿。

作业量：20 张
材料：铅笔、水溶黑色铅笔、炭笔、A3 规格复印纸
优秀作业案例：（图 8-1 ～ 图 8-12）

图 8-1　铅笔线稿表现图作业 1，作者：孙陕豫（鲁美 2017 级学生）

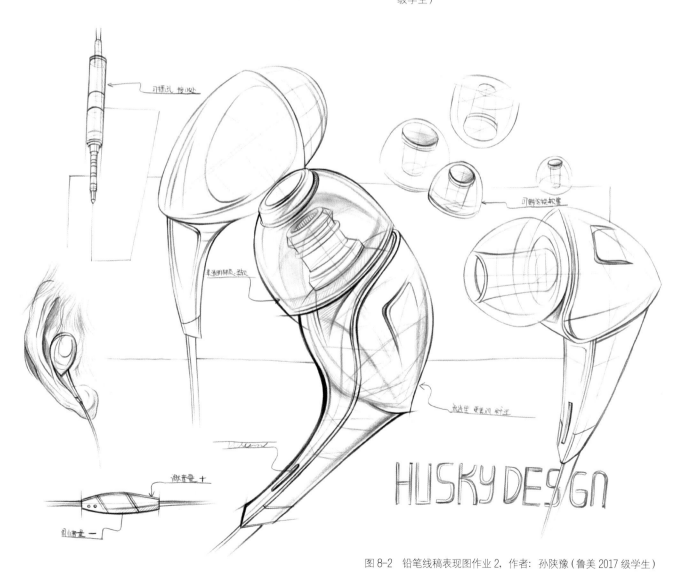

图 8-2　铅笔线稿表现图作业 2，作者：孙陕豫（鲁美 2017 级学生）

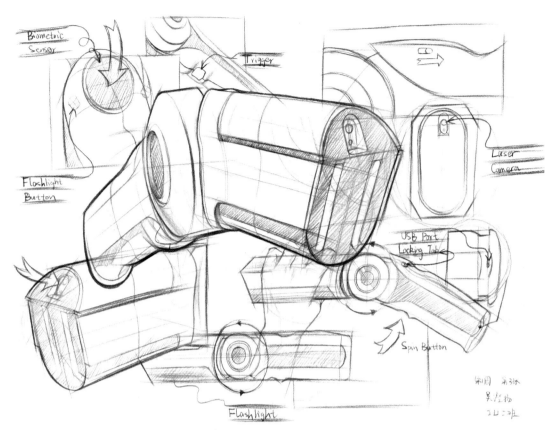

图 8-3　铅笔线稿表现图作业 1，作者：吴澄扬（鲁美 2017 级学生）

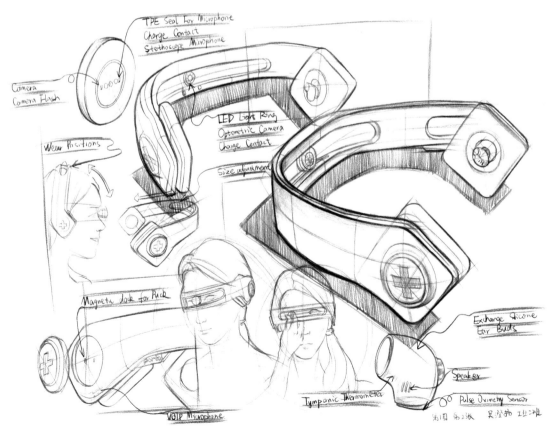

图 8-4　铅笔线稿表现图作业 2，作者：吴澄扬（鲁美 2017 级学生）

铅笔线稿草图训练注意事项：

（1）注意透视关系和看不到的辅助线。在绘制单线稿草图的时候，透视关系是非常值得我们注意的。我们也要适当运用夸张透视，将本身透视不强烈的形体用略微夸张的透视效果来绘制，这样可以将产品更有魅力地呈现在观者面前。同时，我们可以将产品的中心线、中轴线、转折线等看不到的线都表现出来，这样更方便确定形体，使透视更加准确。

（2）找点，归纳几何形体，我们通常叫作"抓两头，带中间"。因为点一般都处在始端与末端，所以点如果找得准确，形体也就抓住了。在这里，点包含的因素是形体转折开始的地方与形体转折结束的地方。

（3）结构线条的表现。在基本点找到之后，用线条连接各点，可以使形体明确起来，我们所说的结构线条是表现形态特征的关键因素，它应在形体的重要转折、形态改变之处都有体现。结构线条是线稿表现中最主要的艺术语言和表现方式，无论是在塑造形体，还是在表现体积和空间方面，都显得十分明确，富有表现力和概括力。

（4）在开始绘图时，首先要加强线条的熟练程度，要做大量的线条练习，提高线条质量，也就是说达到熟能生巧，"巧"用线条才有质量，线条的质量是肯定有力、轻松自如、有松有紧、有虚有实、有粗有细、有深有浅，要随着形体的变化而变化，做到变化中有整体，整体中有变化，这样我们画的线条才富有生命力和动感。

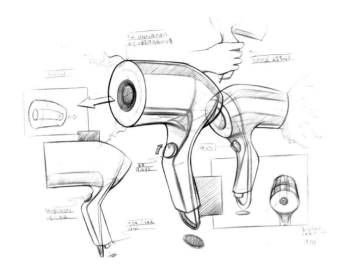

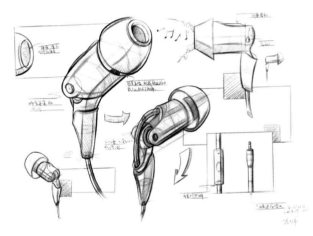

图 8-5　铅笔线稿表现图作业，作者：李佳书（鲁美 2017 级学生）

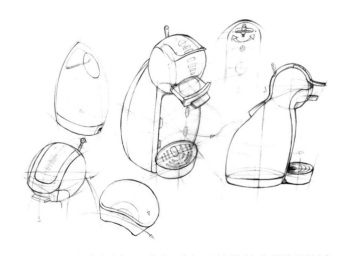

图 8-6　铅笔线稿表现图作业，作者：刘书洋（鲁美 2017 级学生）

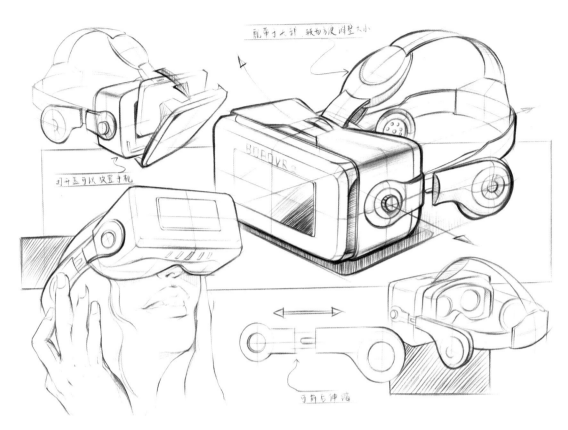

图 8-7　铅笔线稿表现图作业，作者：贾卓航（鲁美 2017 级学生）

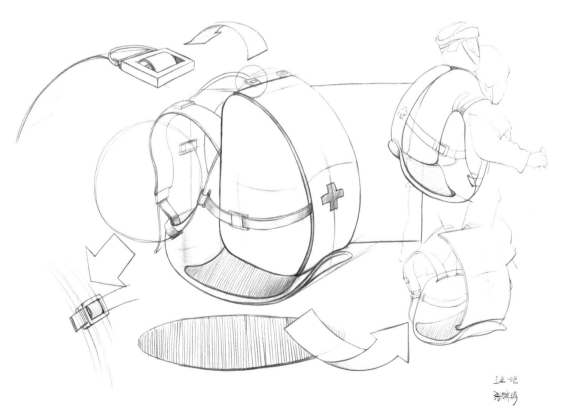

图 8-8　铅笔线稿表现图作业，作者：张瑞琦（鲁美 2016 级学生）

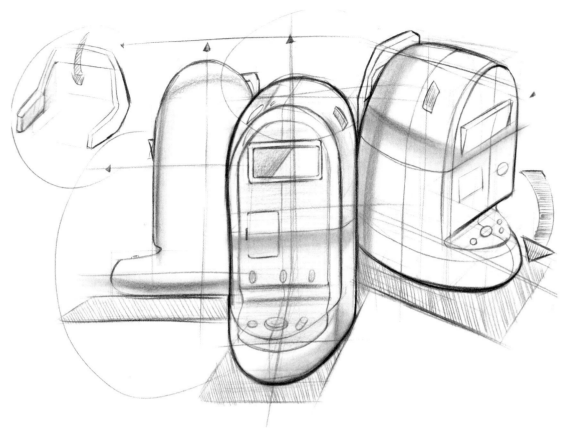

图 8-9　铅笔线稿表现图作业 1，作者：聂孝鹏（鲁美 2015 级学生）

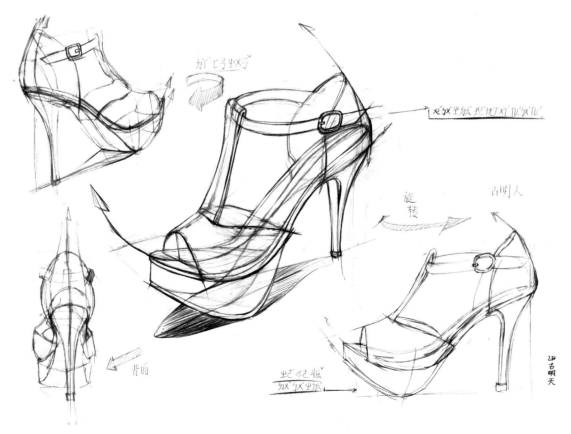

图 8-10　铅笔线稿表现图作业，作者：古明天（鲁美 2017 级学生）

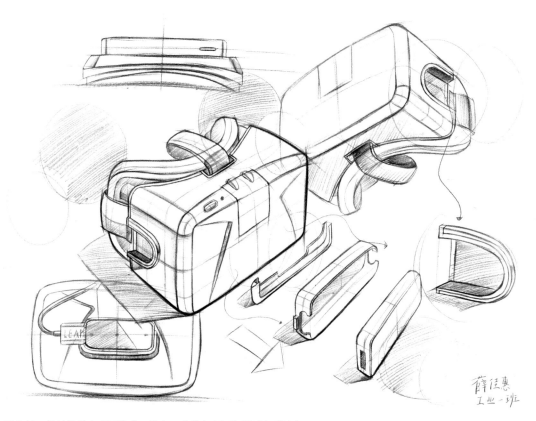

图 8-11 铅笔线稿表现图作业，作者：薛佳惠（鲁美 2016 级学生）

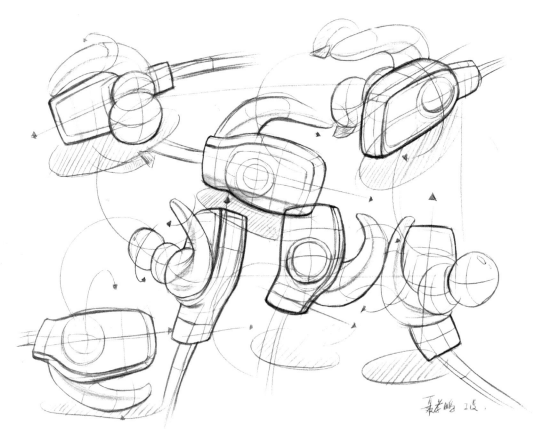

图 8-12 铅笔线稿表现图作业 2，作者：聂孝鹏（鲁美 2015 级学生）

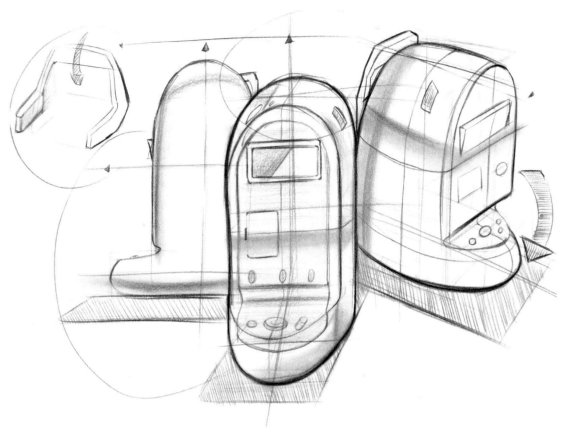

图 8-9　铅笔线稿表现图作业 1，作者：聂孝鹏（鲁美 2015 级学生）

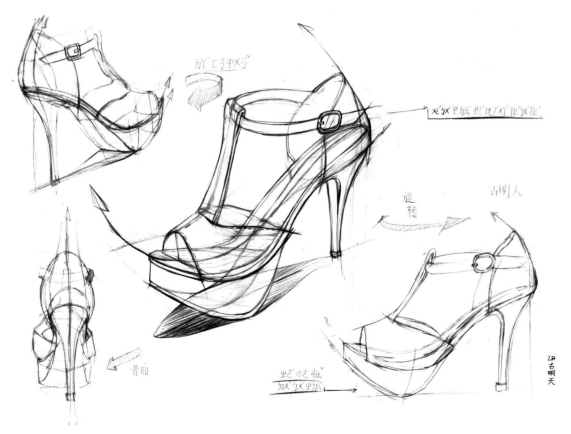

图 8-10　铅笔线稿表现图作业，作者：古明天（鲁美 2017 级学生）

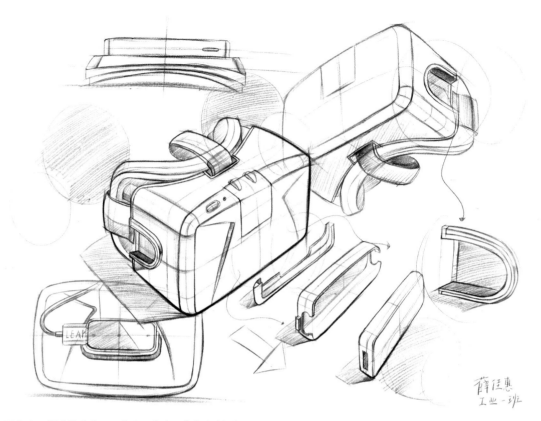

图 8-11 铅笔线稿表现图作业，作者：薛佳惠（鲁美 2016 级学生）

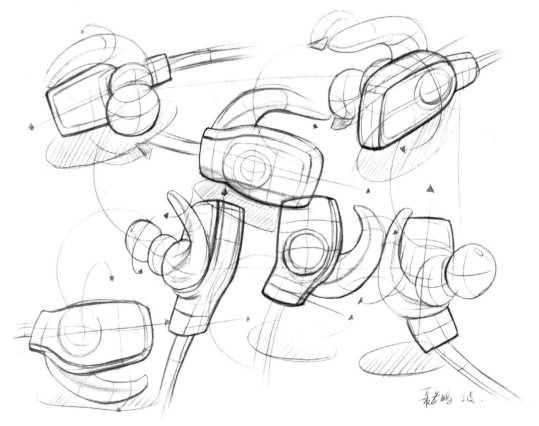

图 8-12 铅笔线稿表现图作业 2，作者：聂孝鹏（鲁美 2015 级学生）

8.3　针管笔线稿表现图作业

借助产品图片资料，使用针管笔做符合快速
表现线稿方法的练习。作业要求同 8.2 铅笔
线稿表现图作业。

作业量：20 张
材料：针管笔、A3 规格复印纸
优秀作业案例：（图 8-13～图 8-22）

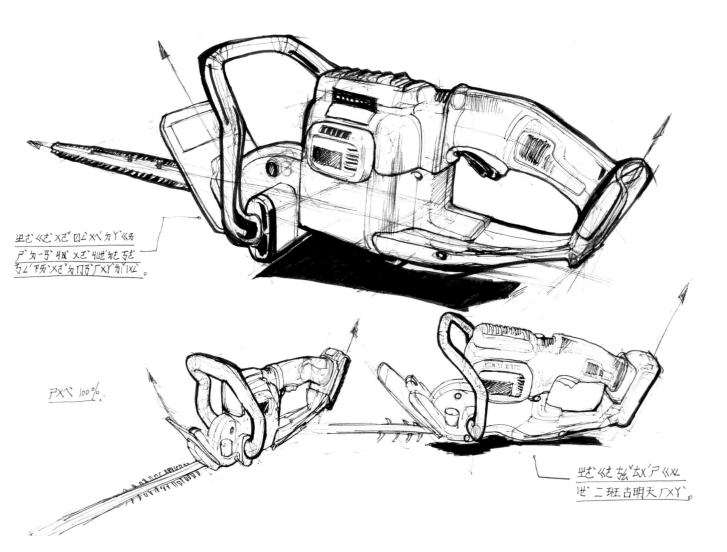

图 8-13　针管笔线稿表现图作业 1，作者：古明天（鲁美 2017 级学生）

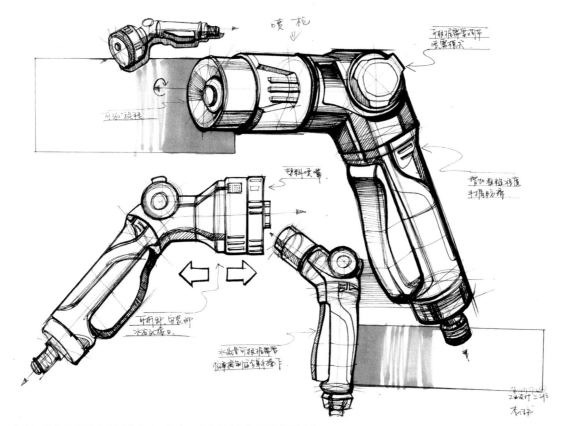

图 8-14　针管笔线稿表现图作业 1，作者：李佳书（鲁美 2017 级学生）

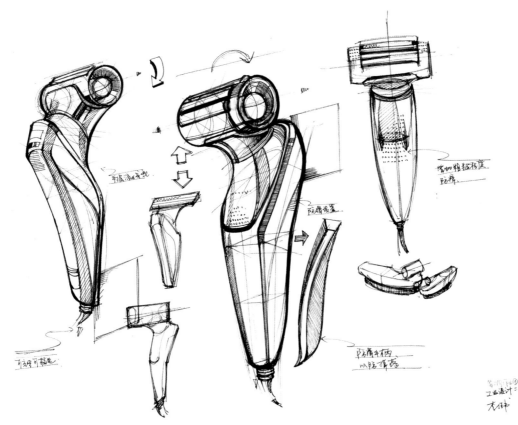

图 8-15　针管笔线稿表现图作业 2，作者：李佳书（鲁美 2017 级学生）

针管笔表现图训练注意事项：

（1）针管笔是一种墨水笔，是产品设计师较常用的绘图用笔。因为针管笔下笔后不易修改，对训练者来说，前期在心理上有一定的难度，常常会因为怕画错而迟迟不肯下笔，但是这对我们的表现图训练来说是有利的，可以培养设计师下笔肯定的能力。经过反复思考后的下笔练习，比漫无目的的大量手绘训练要有效很多。

（2）整体思考、整体构思、再整体去画，一下笔就要分清主次和前后关系。在表现的过程中，迅速、准确地抓住大的主要结构，抛弃那些小的起伏，使画面达到强烈、准确、生动的效果。这些都要以整体的构思与思考为基础。

（3）不同部分的线需要用不同粗细的针管笔来表现，结构线可选细的针管笔，边界线可选粗的针管笔，重点表现之处也可选粗的针管笔来表现。

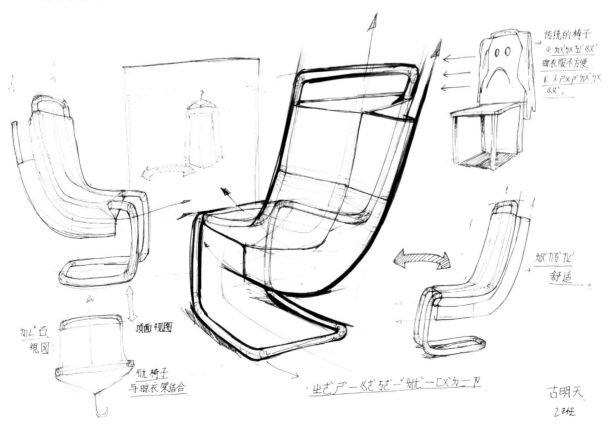

图 8-16　针管笔线稿表现图作业 2，作者：古明天（鲁美 2017 级学生）

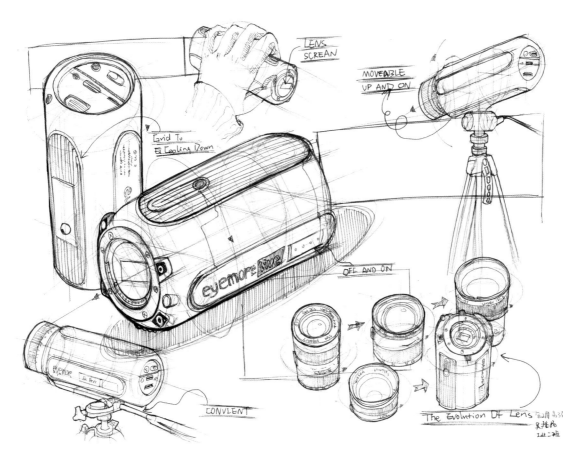

图 8-17　针管笔线稿表现图作业，作者：吴澄扬（鲁美 2017 级学生）

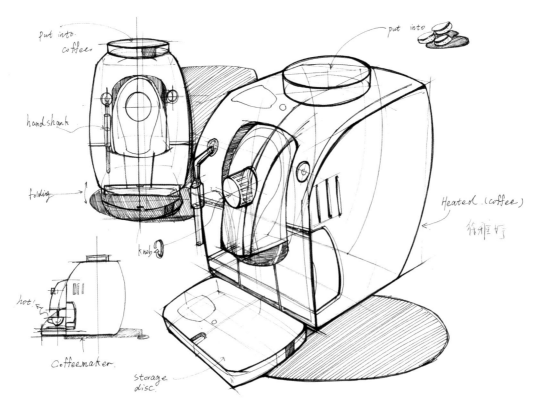

图 8-18　针管笔线稿表现图作业，作者：徐雅婷（鲁美 2016 级学生）

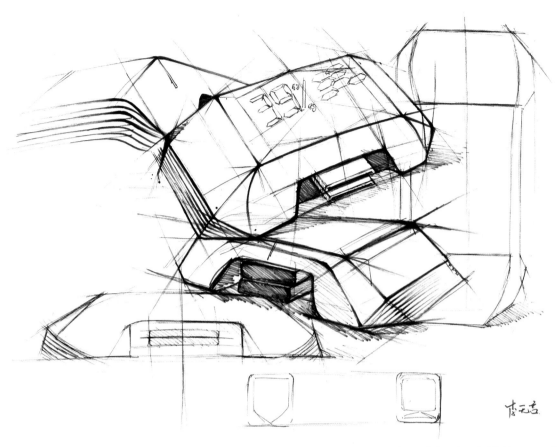

图 8-19　针管笔线稿表现图作业，作者：李无言（鲁美 2017 级学生）

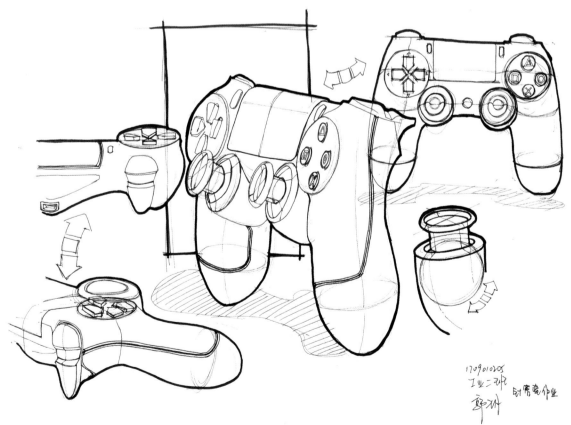

图 8-20　针管笔线稿表现图作业，作者：郭玥（鲁美 2017 级学生）

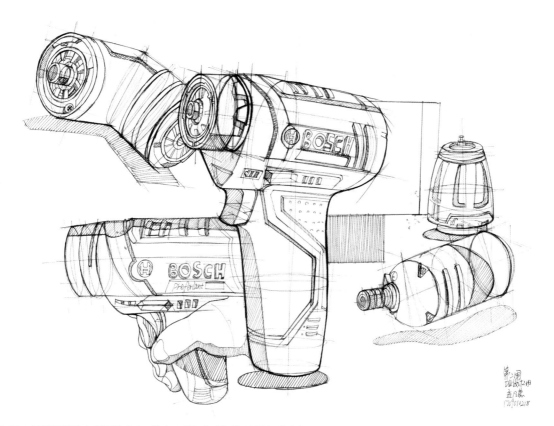

图 8-21　针管笔线稿表现图作业 1，作者：孟凡蕊（鲁美 2017 级学生）

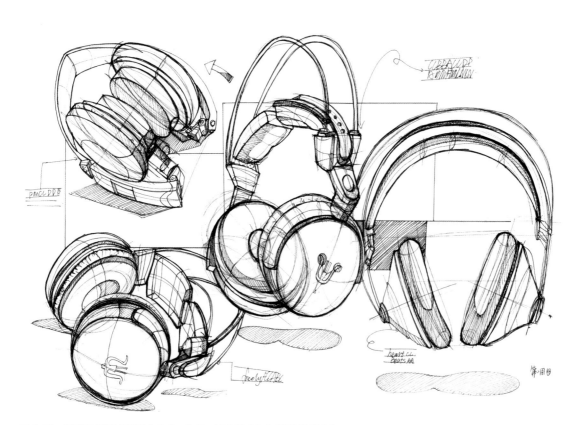

图 8-22　针管笔线稿表现图作业 2，作者：孟凡蕊（鲁美 2017 级学生）

8.4　马克笔表现图作业

借助产品图片资料，做马克笔表现方法的练习作业。以画好的线稿表现图为依据，做马克笔着色训练。

作业量：20 张（铅笔 + 马克笔 10 张，针管笔 + 马克笔 10 张）

材料：铅笔、水溶铅笔 399、针管笔、马克笔、A3 规格复印纸

优秀作业案例：（图 8-23 ～ 图 8-34）

图 8-23　针管笔 + 马克笔表现图作业 1，作者：孙陕豫（鲁美 2017 级学生）

马克笔表现图注意事项：

（1）在用马克笔画效果图时，下笔要果断、肯定、迅速，作画的过程由浅入深，一层层地加深，高光部分一般是留白或画完后再用白色水粉提亮，也可以用修改液。

（2）在画图之前，一样要做好准备工作。与其他绘画技法一样，先用铅笔很轻地分好色块，做到胸中有数再下笔。用笔流畅，轻重有别，看似随意但笔依形而去，不拘泥，不多余。马克笔的色彩很薄，极透明。画在纸面上干得很快，并可以重复上色。马克笔的颜色相当稳定，画在纸面上不变色，这是优于其他水性材料的地方。用马克笔作画，要注意色彩的搭配，往往需要准备一个色彩系列，才能完成色彩的退晕与过渡。

（3）同一种颜色的笔，重复画几笔，颜色便会变深，但也不要重复太多。一是反复涂抹会使底稿的铅笔或针管笔线条浸墨弄脏画面；二是会降低色彩的艳丽和透明度，使画面不能达到理想的效果。

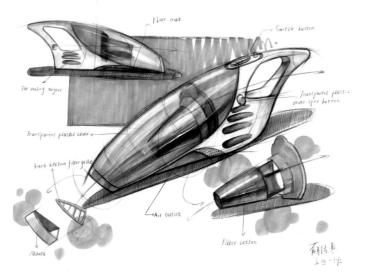

图 8-24　水溶黑色铅笔＋马克笔表现图作业，作者：薛佳惠（鲁美 2016 级学生）

图 8-25　水溶黑色铅笔＋马克笔表现图作业，作者：吴澄扬（鲁美 2017 级学生）

图 8-26　水溶黑色铅笔＋马克笔表现图作业，作者：李佳书（鲁美 2017 级学生）

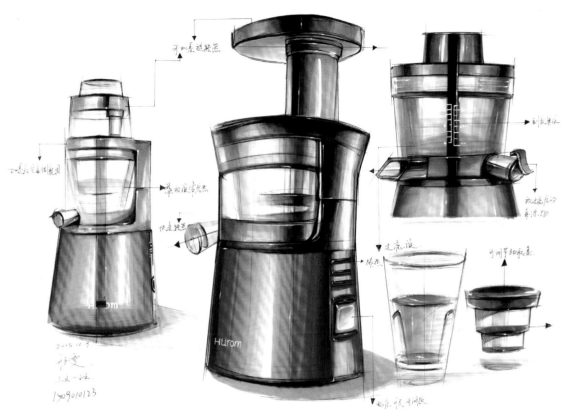

图 8-27　针管笔 + 马克笔表现图作业，作者：邢雯（鲁美 2015 级学生）

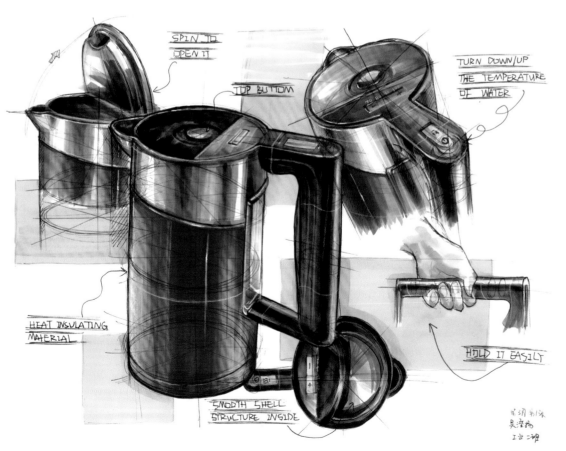

图 8-28　针管笔 + 马克笔表现图作业，作者：吴澄扬（鲁美 2017 级学生）

图 8-29 针管笔 + 马克笔表现图作业 2，作者：孙陕豫（鲁美 2017 级学生）

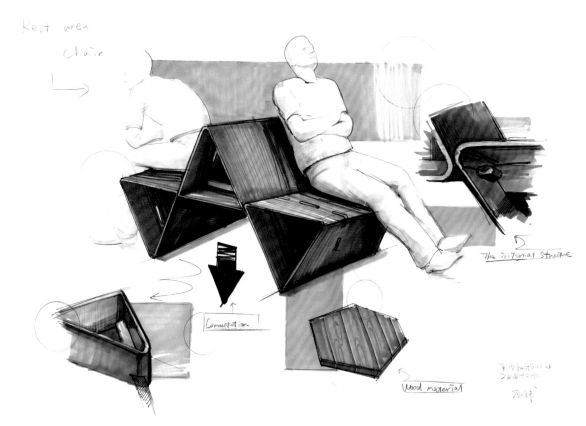

图 8-30 针管笔 + 马克笔表现图作业，作者：李佳书（鲁美 2017 级学生）

图 8-31　水溶黑色铅笔 + 马克笔表现图作业，作者：邢雯（鲁美 2015 级学生）

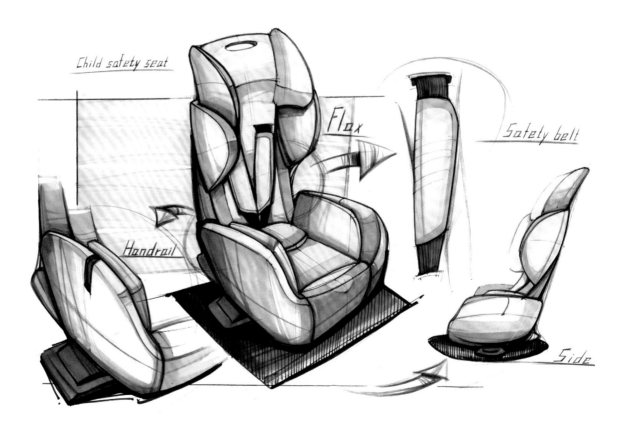

图 8-32　水溶黑色铅笔 + 马克笔表现图作业，作者：关琦（鲁美 2015 级学生）

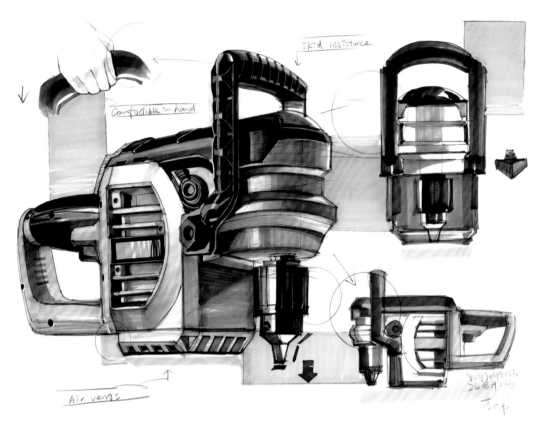

图 8-33　水溶铅笔 + 针管笔 + 马克笔表现图作业，作者：李佳书（鲁美 2017 级学生）

图 8-34　水溶铅笔 + 马克笔表现图作业，作者：孙陕豫（鲁美 2017 级学生）

8.5　色粉＋马克笔表现图作业

借助产品图片资料，做色粉＋马克笔方法练习作业。同学们依据自己找的产品图做分析表现，画出精致产品表现图。

作业量：5 张

材料：铅笔、水溶铅笔 399、针管笔、色粉、马克笔、A3 规格复印纸、辅助尺具

优秀作业案例：（图 8-35～图 8-46）

图 8-35　色粉表现图作业，作者：考贝贝（鲁美 2006 级学生）

图 8-36   色粉 + 马克笔表现图作业，作者：孙陕豫（鲁美 2017 级学生）

图 8-37   色粉 + 马克笔表现图作业，作者：金雨欣（鲁美 2017 级学生）

色粉 + 马克笔表现图注意事项：

（1）先把色粉笔刮成粉末，再涂在纸上使用。具体方法是用刀片将粉末轻刮下来，再在画面需要的位置用脱脂棉或纸巾擦拭。擦色粉要轻重有度，以免产生不均匀的效果。不同色相的色粉在粉末状混合时也可调色，但掌握不好容易变脏。

图 8-38　色粉 + 马克笔表现图作业，作者：葛乃铷（鲁美 2016 级学生）

（2）色粉细腻且层次丰富，适合表现画面不大的曲面形体和光洁度较高或橡胶类的质感。色粉善于表现柔和的层次变化，这是其他工具难以替代的。在设计表现中，通常用色粉铺大的色调关系，再以马克笔画暗部及反射部分。

（3）在使用色粉时，可用纸做成模板遮挡，将色粉涂在"选区"里，这样会使画面边缘清晰，色块整洁干净。

图 8-39　色粉 + 马克笔表现图作业，作者：马岚雅（鲁美 2017 级学生）

（4）色粉施色过程中一般得多擦几遍才能得到我们想要的效果。擦色后喷定画液，这样重复几次，质感才能上来。色粉表现完成后，最后用定画液喷洒固定。

（5）擦色粉需朝一个方向擦，注意手的力度，先轻后重。擦色粉主要是表现对象体积关系和大的光影效果，最后可用加工过的橡皮提擦出其他效果。

图 8-40　色粉 + 马克笔表现图作业，作者：张元良（鲁美 2017 级学生）

（6）色粉往往是配合马克笔一起使用。高光部分一般留白，高光与明暗交界之处，可以轻擦色粉柔和的过渡，暗部一般用深色马克笔压出。

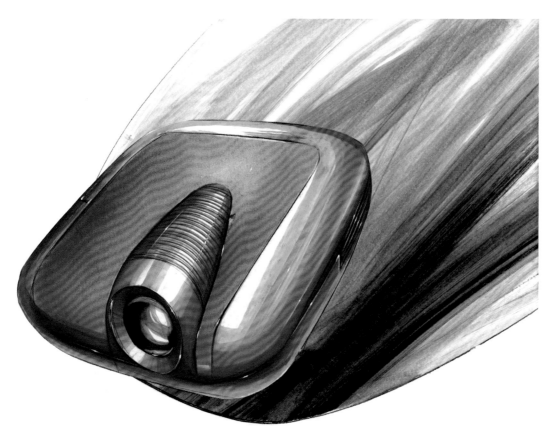

图 8-41 色粉 + 马克笔表现图作业，作者：邢雯（鲁美 2015 级学生）

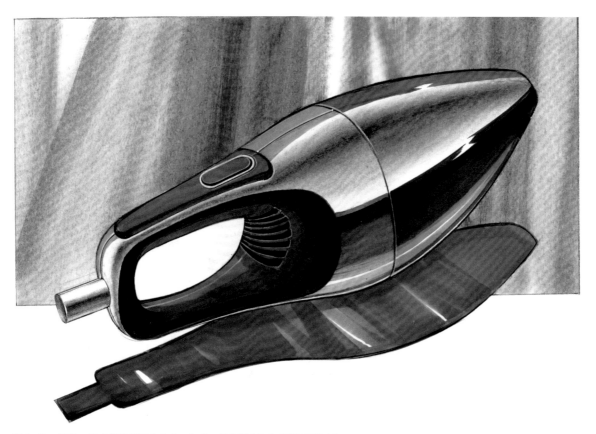

图 8-42 色粉 + 马克笔表现图作业 1，作者：侯佳琪（鲁美 2015 级学生）

图 8-43　色粉 + 马克笔表现图作业 1，作者：张瑞琦（鲁美 2016 级学生）

图 8-44　色粉 + 马克笔表现图作业 2，作者：侯佳琪（鲁美 2015 级学生）

图 8-45　色粉 + 马克笔表现图作业 2，作者：张瑞琦（鲁美 2016 级学生）

图 8-46　色粉 + 马克笔表现图作业，作者：李佳书（鲁美 2017 级学生）

思考题

（1）铅笔线稿实训中注意的要点是什么？

（2）针管笔线稿实训中要掌握的要点在哪里？

（3）马克笔表现图实训中的注意点有哪些？

（4）色粉＋马克笔精细表现图实训中要了解的特点是什么？

结 语

本书内容从产品设计快速表现的基本任务出发，在具体的教学方法上采用理论与实践实训相结合的方法。产品设计快速表现是一个具有实际操作性的学科，在教学过程中充分将理论与实际联系在一起，学生在学习理论的同时注重实际操作，帮助学生把自身的体会融合在学习过程中。这个过程中，要求学生动手、动脑，将布置的课题作业独立完成，强调在完成作业的过程中发现问题、分析问题、解决问题，并最终通过举办小型展览和讲评来互相提高。在教学过程中，教师要组织学生相互观摩，互动讨论、交流评价，并在展览与讲评时帮助学生建立起自己对产品设计快速表现的评价体系，引导学生用讨论的方式表现思想和见解。这是产品设计快速表现训练课题的关键，这部分在书的内容中不好展示，故在此做以提示。

本书能够得以成型，要感谢各位师长、鲁迅美术学院学生、同人给予的大力帮助，在这里致以本人最诚挚的谢意！首先我要感谢我的授业导师，鲁迅美术学院的杜海滨教授，是他的鼓励，才使我渐渐有了自信，并且有机会从事产品设计快速表现课程的教学工作。还要感谢鲁迅美术学院的薛文凯教授，他是我大学时的效果图课老师，他的底色高光法至今还影响着我。还有可爱的长者——清水吉治教授，2000 年在东莞百利达工业设计研修所一个月的言传与身教，让我深深感受到先生的大家风范，令人望尘莫及。

感谢大家！

参考文献

曹学会，易莉，2008．设计效果图 [M]．北京：北京理工大学出版社．

道尔，2004．美国建筑师表现图绘制标准培训教程（原书第 2 版）[M]．李峥宇，朱凤莲，译．北京：机械工业出版社．

吉姆·雷吉特，2004．绘画捷径：运用现代技术发展快速绘画技巧 [M]．田宏，译．北京：机械工业出版社．

刘传凯，2005．产品创意设计 [M]．北京：中国青年出版社．

刘振生，等，2004．设计表达 [M]．北京：清华大学出版社．

柳冠中，2009．综合造型设计基础 [M]．北京：高等教育出版社．

乔迪·米拉，温为才，2009．欧洲设计大师之创意草图 [M]．北京：北京理工大学出版社．

清水吉治，2011．产品设计草图 [M]．张福昌，译．北京：清华大学出版社．

清水吉治，2013．产品设计效果图技法 [M]．3 版．马卫星，译．北京：北京理工大学出版社．

清水吉治，酒井和平，2007．设计草图·制图·模型 [M]．张福昌，译．北京：清华大学出版社．

清水吉治，朱钟炎 .2007．从设计到产品：日本著名企业产品设计实例 [M]．上海：同济大学出版社．